烘焙那些事儿

鲍娴燕 著

成都时代出版社

图书在版编目（CIP）数据

烘焙那些事儿 / 鲍娴燕著. -- 成都 ： 成都时代出
版社,2012.3
　ISBN 978-7-5464-0564-3

　Ⅰ．①烘… Ⅱ．①鲍… Ⅲ．①烘焙–糕点加工 Ⅳ.
①TS213.2
　中国版本图书馆CIP数据核字(2012)第009989号

烘焙那些事儿

HONGPEI NAXIE SHI'ER

鲍娴燕 著

出 品 人　　段后雷　　罗　晓
责任编辑　　张慧敏
责任校对　　邢　飞
装帧设计　　卢　浩　史　童
责任印制　　干燕飞

出版发行　**成都传媒集团·成都时代出版社**
电　　话　　(028)86621237(编辑部)
　　　　　　(028)86615250(发行部)
网　　址　www.chengdusd.com
印　　刷　四川新华印刷有限责任公司
规　　格　168mm×230mm　1/16
印　　张　11
印　　数　1-8000册
字　　数　155千
版　　次　2012年3月第1版
印　　次　2012年3月第1次印刷
书　　号　ISBN 978-7-5464-0564-3
定　　价　29.80元

序

随着我国经济建设的快速发展，人民生活水平逐步提高，人民的营养状况也得到了很大改善。"国以民为本，民以食为天，食以安为先"，这三句话科学地反映了饮食在国计民生中的重要地位和神圣职责。吃不仅是维系生命活动的根本保障，还是决定生命质量乃至寿命长短的重要因素。饮食包含面比较广，菜肴和面点都属于这个范畴。

对于每个家庭来说，饮食是生活的重要组成部分，一日三餐必不可少。人们从吃饱逐步要求吃好，不仅追求饮食花色品种的繁多，而且还讲究绿色饮食和安全饮食，提倡"早餐要吃好，中餐要吃饱，晚餐要吃少"的养生之道。日常生活中更是遵循"四低一高"（低盐、低糖、低油、低蛋白、高纤维）的饮食方式，提倡多吃碱性食物、蔬菜瓜果和五谷杂粮，做到饮食平衡。

我家孙女，自小爱吃，喜欢尝鲜品评。不过随着她年纪的增长，逐渐培养出了在家制作糕点的兴趣爱好，而且兴趣越来越浓。她在工作之余抽出大量时间用于糕点制作，把家庭健康饮食作为一种习惯，虚心地向书本讨教，慢慢地从业余走向正规。在家制作糕点有两个好处：一是作为解决一日三餐，特别是早餐的辅助；二是馈赠亲朋好友，尤其是老人和小孩的最佳礼品。在家制作糕点有三个特点：一是取材时鲜，原料比较安全可控；二是以烘烤方式为主，忌油腻，朴实无华，以原料的本味见长；三是体现民间食俗回归自然、节俭的治家美德。

本书从一个新的层面、新的角度、新的思路、新的理念提出一个新的家庭制作糕点的模式和尝试，使家庭烘焙在不断创新和不断发展中成为品种丰富的健康美食。本书共涵盖饼干、蛋糕、面包和点心四个品种的50道糕点。由于个人烘焙糕点在国内发展的时间尚短，知识不够系统，还希望多方人士多多指教，对本书提出批评和建议。

熊力年

2011年9月28日

献给和我一样
痴迷烘焙的你

　　不知不觉，烘焙这件事已陪伴我走过了四个年头，从前两年的"放羊"到近两年的投入，饼干、蛋糕、面包们带给我的不仅仅是美味，还有快乐、充实和自信。

　　其实踏入烘焙界的机会很偶然，那时有个朋友在家自制饼干，说很有意思，问我要不要尝试。闲不住的我正愁业余时间无从打发呢，于是欣然接受了这个提议。谁想到，这一玩就是四年，而且完全没有停下来的趋势。四年间，我经历过很多失败，把烘焙中可能遇到的失败几乎都经历了一遍；四年间，我添置了很多烘焙工具、模具、包装和拍照道具，东西多得家里都堆不下了；四年间，我的烘焙频率从两周一次变成了一周三次，几天不"蹂躏"面团就会觉得浑身不舒服；四年间，我见证了很多人从兴冲冲地买回烤箱到将烤箱束之高阁的过程，真正坚持下来的人寥寥无几；四年间，我从一个连打发黄油都不会的菜鸟，变成了能为别人"指点江山"分析原因的老师。

　　这本书可以说是我四年积累的结果，里面的每一幅照片、每一段文字、每一处分析都凝结了我的辛勤劳动，是最真实的烘焙感受的表述。

　　最后，要借这个机会谢谢我的家人、朋友和同事，还有发现我的编辑雨寒，你们吃过了我所有好的、不好的作品，给了我很多意见和鼓励，帮助我进步。今天我实现了我人生的一个重要目标，你们功不可没。

2011年9月12日

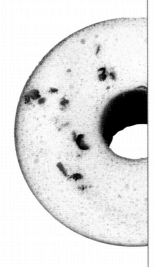

chapter three **3**

松软可人 蛋糕的美味王国

4 chapter four
香甜回味 面包的诱惑物语

5 chapter five
轻松惬意 点心的非凡魅力

chapter one

烘焙
小技术

Baking Technology

电烤箱★电烤箱是烘焙必备电器,25L,4层,可用来烘烤饼干、蛋糕、面包等各类糕点,也可用来烤肉、烤鸡翅。

搅拌机★搅拌机又名厨师机,主要用于揉面,也可用于打发鸡蛋、搅拌黄油等。其价格较高,请谨慎购买。

弹簧秤和电子秤★弹簧秤和电子秤用于称量各类固体和粉类材料。弹簧秤的精度相对较差,在称取少量材料时不如电子秤精确。

量勺★量勺可用于掌握换算比例,可以方便地称取少量材料。

量杯★量杯用于称量各类液体材料。

手动打蛋器★手动打蛋器用于一般干湿性材料的搅拌。

电动打蛋器★电动打蛋器用于鸡蛋和动物性鲜奶油的快速打发。

锡纸★烘烤时铺、盖锡纸,可防止成品上色过度。

面包刀★面包刀可用于成品糕点的切割,蛋糕和面包都适用。

保鲜膜★用保鲜膜包裹面团,可防止面团表面的水分流失。

裱花袋和裱花嘴★裱花袋和裱花嘴可用于裱花饼干的造型和裱花蛋糕的造型。

面包模★面包模适用于各类面包的造型。

吐司盒★吐司盒适用于各类吐司的造型。

蛋糕模★蛋糕模适用于各类蛋糕的造型。

挞派模★挞派模适用于各类挞派的造型。

纸模★除油纸托在使用时需要硅胶模辅助支撑外，其余纸模均可独立入炉直接使用，且比较适合外带。

饼干模★饼干模适用于各类饼干的造型。

粉筛★粉筛用于过筛糖粉和低筋面粉等粉类，可避免结块的粉类被直接使用。

分蛋器★分蛋器可将鸡蛋的蛋黄和蛋清迅速分离开来。

脱模刀★脱模刀用于戚风蛋糕的脱模。

橡皮刮板★橡皮刮板可用于面团的分割和各类面糊表面的刮平。

擀面杖★擀面杖用于擀制做饼干和挞派的面团，也可用于做面包的面团排气。

橡皮刮刀★用橡皮刮刀刮拌打发的鸡蛋面糊，可防止消泡，也可用于刮拌较稀的不适合直接用手操作的饼干面糊。

毛刷★毛刷可在面团表面刷全蛋液时使用。

鲷鱼烧板★鲷鱼烧板是用来制作鲷鱼烧的工具。

Ingredients 本书中用到的材料

左上：高筋面粉
右上：低筋面粉
左下：黑麦粉
右下：杏仁粉

左上：花生仁
右上：杏仁
左下：核桃仁
右下：花生碎

左上：抹茶粉
右上：无糖可可粉
左下：黄金芝士粉
右下：玉米粉

左上：黑巧克力币
右上：巧克力酱
左下：彩色巧克力豆
右下：耐烘烤巧克力豆

左上：奶油奶酪
右上：无盐黄油
左下：切达芝士片
右下：动物性淡奶油

左上：咖啡粉
右上：红曲粉
左下：帕玛森芝士粉
右下：泡打粉

左上：色拉酱
右上：椰蓉
左下：蜂蜜
右下：红茶包

左上：朗姆酒
右上：花生酱
左下：牛奶
右下：罐装甜玉米粒

左上：奶粉
右上：白砂糖
左下：糖粉
右下：红糖

左上：火腿肠
右上：培根
左下：肉松
右下：蔓越莓干

Baking Tips
实用烘焙技术

① 如何打发黄油

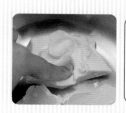

★将黄油室温放软,放至手指能轻易在黄油上戳个洞的程度。夏天大约需要1小时,冬天可以将其放在温暖的地方进行操作。

★一次性加入白砂糖或糖粉。糖粉如果已结块,可将其过筛一遍。

★用手动打蛋器轻轻地将糖包裹入黄油中。

★一手握住蛋盆,一手握住打蛋器,顺着一个方向划圈搅拌,直至黄油的颜色变浅,体积略微变大,打发即完成。

★冷藏的鸡蛋事先从冰箱取出,放至室温。

★将蛋黄和蛋清用分蛋器分开。装蛋清的盆务必确保无油、无水。

★在蛋清加几滴柠檬汁或白醋,用起电动打蛋器以最慢速挡打至起粗泡。

★一次性倒入白砂糖、盐、玉米粉等材料,将电动打蛋器换至最高速挡,划圈快速搅打,泡沫会逐渐变细,体积会逐渐增大。

★打发过程中,随时提起打蛋器检视蛋清的打发情况,如果打蛋器头上出现了弯弯向下的小尖角,说明蛋清达到了湿性发泡的程度。

★继续快速搅打,提起打蛋器检视时,如果打蛋器头上出现了垂直的小尖角,说明蛋清几乎达到了硬性发泡的程度。

★再快速搅打一会儿,直至即使整个蛋盆翻过来,打发好的蛋清也不会流出来,此时蛋清完全达到了硬性发泡的程度。

★电动打蛋器调至最慢速挡,再轻轻地搅打一分钟,消去蛋清内部的大泡,整个打发过程就算完成了。

⑤ 如何揉面

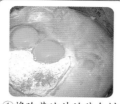

①将除黄油外的其余材料放入搅拌机内，注意干酵母不能和糖、盐直接接触，以免酵母菌脱水死亡。

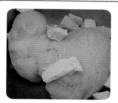

③加入切成小块的黄油，用慢速挡揉至黄油全部融化。

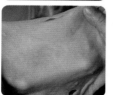

⑤将揉好的面团从搅拌缸内取出，用四个手指勾住面团的一端，将面团提起向前甩去，拉成长条再收回，如此反复直至面团达到完全扩展状态。此时取一小块面团，用手指能够撑出大片透明的薄膜。这种面团主要用来制作吐司。

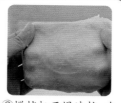

②搅拌机开慢速挡，直至所有材料揉成团，再将搅拌机提速至中速，揉至面团光滑出筋，用手指能够撑出较厚的薄膜。

④提速至中速，将面团揉至扩展阶段，此时取一小块面团，用手指能够撑出较透明的薄膜。这种面团已经能够胜任一般面包的制作了。

④ 重量换算

⑥将揉好的面团滚圆后，可看见表面的面皮下有一粒粒细细的小气泡。

★如果家中没有电子秤的话，可以充分利用量勺来完成少量材料的称取，以量勺表面抹平称取的重量为准。量勺中的1T（15mL）即我们所说的大勺，1t（5mL）即我们所说的小勺。
1t干酵母=3g
1t泡打粉=4g
1t盐=5g
1t小苏打=4.7g
1T可可粉=7g
1T奶粉=7g

chapter two

缤纷多姿

饼干的大千世界

Colorful Biscuits' World

花生碎酥饼
Peanuts Broken Crackers

烘焙随笔

花生碎酥饼是一款美式简易饼干,可视为烘焙入门级的饼干。我们所要做的就是将所有材料混合,不需要松弛面糊,也不需要刻意整形,只需要利用一把汤匙,即可快速、简便又随性地制作完成,最后只要再掌握一点烘焙技巧,香喷喷的家庭式饼干就火速呈现了。花生碎酥饼的口味与曲奇饼干近似,质地酥松,制作过程比曲奇简单,成功率百分之百,如果你还是个新手,那么就从这款好吃的饼干开始你的烘焙探秘吧!

Ingredients

（材料）

花生碎50g、无盐黄油120g、白砂糖40g、盐1/4小勺、
全蛋液25g、低筋面粉110g、泡打粉1/4小勺、杏仁粉15g

参考份量：24块

Preparation Method

（做法）

♨ 买来的花生碎是生的，所以要事先在烤箱中用150℃烘烤花生碎10分钟。

♨ 将黄油室温放软，加入白砂糖和盐，用打蛋器将黄油打至颜色发白，体积略微增大。

♨ 分两次加入全蛋液，将其快速打发成均匀的奶油糊。

♨ 筛入低筋面粉、泡打粉和杏仁粉，用刮刀从不同方向刮拌成均匀的面糊。

♨ 加入花生碎,用刮刀从不同方向刮拌成均匀的面糊。

♨ 用汤匙称取 15g 面糊,用手指辅助将面糊拨到烤盘上,不需要刻意整形。

♨ 将烤箱预热至170℃,上下火,中层,烘烤25分钟,10分钟后取出即可。

贴士

★ 花生碎可以用其他坚果碎代替,例如杏仁碎、榛子碎等。烘烤的时候要注意掌握火候,及时加盖锡纸避免饼干被烤焦。

★ 打发黄油的时候多用手动打蛋器,不但力度够了,黄油还不会四处飞溅。如果您担心打发程度不够,可以用电动打蛋器。

★ 饼干中用到的全蛋液,必须要常温的,加入的时候最好分次,一次打匀了再加入第二次,否则蛋液和黄油很容易出现分离的情况。如果真的出现了这种情况,加点低筋面粉可以改善。

★ 面糊在烘烤时,会自动塌陷变成一个不规则的圆饼,所以在用汤匙放面糊时,不需要对面糊刻意整形,每个面糊保持一定距离,避免烘烤后饼干相互粘连,破坏造型。

Coconut Ball 椰蓉球

椰蓉,我们再熟悉不过的烘焙材料。白色,我最喜欢的颜色。椰蓉是椰丝和椰粉的混合物,是把椰子肉切成丝或磨成粉后,经过特殊的烘干处理混合制成的,可用来做饼干、面包、月饼等的馅料或表面装饰。说到椰子,这是我唯一爱吃的热带水果,那次去泰国,看别人吃芒果、榴莲、山竹、红毛丹吃得那么津津有味的,很鄙视自己的挑食,无奈之下,只能多喝了几个椰子汁来"发泄"一番。椰子从里到外都是宝,椰汁清如水,甜如蜜,可以直接饮用;椰肉既滑又脆,椰香浓郁,可以直接食用,或制成椰子油、椰粉、椰丝和椰蓉等产品;椰壳外形圆润,经过打磨,能做出精美的工艺品。混合了黄油、鸡蛋、糖粉的椰蓉球,算是我的招牌点心之一。椰蓉球除了好吃外,还易保存,在30℃左右的环境中可保存7天,冬天保存的时间更长,所以常常有外地的朋友要我发快递呢!

21

椰蓉200g、低筋面粉100g、鸡蛋两个、
无盐黄油150g、糖粉60g

参考份量:31粒

♨ 将无盐黄油室温放软,加入糖粉打发,打至颜色发白,体积略大即可。

♨ 将鸡蛋事先在小碗内打散,并分3次加入打发的黄油中,搅拌均匀。

♨ 加入过筛的低筋面粉,用橡皮刮刀从不同方向将其刮拌成均匀的面团。

♨ 加入椰蓉,用橡皮刮刀从不同方向刮拌成均匀的面团。将面团包保鲜膜,放入冰箱冷藏、松弛30分钟。

♨ 将松弛好的面团从冰箱取出,每次称取20g,搓圆后整齐地排在烤盘上。烤箱预热至170℃,上下火,中层,烘烤15分钟,上色后请及时加盖锡纸。

Baking Tips 贴士

★ 表面的椰蓉非常容易烤焦,一定要盯着点火候,有一点焦黄了就盖上锡纸。

朗姆葡萄酥
Rum Grapes Crackers

　　我们在烘焙中一用到果干，就不得不提朗姆酒，果干经过朗姆酒的浸泡能增香不少。朗姆酒，英文名 rum，是以甘蔗、糖蜜为原料生产的一种蒸馏酒，是世界六大烈酒之一，酒精度在 38%~50%，原产地在古巴。我用过三种朗姆酒，分别是白朗姆、金朗姆和黑朗姆。白朗姆又称银朗姆，是指蒸馏后的酒经活性炭过滤后入桶陈酿一年以上，酒味较干，香味不浓。金朗姆又称琥珀朗姆，是指蒸馏后的酒存入内壁灼焦的旧橡木桶中至少陈酿三年，酒色较深，酒味略甜，香味较浓。黑朗姆又称红朗姆，是指在生产过程中加入一定的香料汁液或有焦糖调色剂的朗姆酒，酒色较浓，酒味芳醇。其中，白朗姆的价格最低，金朗姆和黑朗姆的价格相当。用朗姆酒浸泡果干时，如果浸泡的时间较长，则酒液基本完全吸收，浸泡效果好，但是较浪费酒液，所以大家可根据需要选择合适的朗姆酒。

无盐黄油135g、糖粉55g、低筋面粉200g、
杏仁粉20g、泡打粉1/2小勺、葡萄干80g、朗姆酒适量

参考份量:52块

♨ 将葡萄干事先用朗姆酒浸泡一夜,挤干水分并剪
成小块备用。将无盐黄油室温放软,加入糖粉打发,打
至颜色发白,体积略大即可。

♨ 加入过筛的低筋面粉、杏仁粉和泡打粉,用手抓成
均匀的面团。

♨ 加入葡萄干碎,用手抓成均匀的面团。将面团包
保鲜膜,放入冰箱冷藏、松弛30分钟。

♨ 将松弛好的面团从冰箱取出，每次称取10g，搓圆后整齐地排在烤盘上。将烤箱预热至160℃，上下火，中层，烘烤25分钟，10分钟后取出即可，上色后请及时加盖锡纸。

贴士

★ 如果没有时间将葡萄干浸泡过夜，那么起码浸泡1个小时以上，确保葡萄干被泡软。如果家中没有朗姆酒，可用水浸泡，不过成品的风味会差些。

Fair Maiden Cookies 淑女饼 烘焙随笔

有的人爱烘焙，是因为觉得自己在家做比外面买便宜；有的人爱烘焙，是因为自己在家做可以不计成本，什么材料好用什么。根据我的经验，在家烘焙基本上不应该为了便宜，家用的无盐黄油（54元/千克）、动物性鲜奶油（32元/升）、奶油奶酪（80元/千克）等贵重材料的品质都不是外面的商业作坊可以相提并论的。但家庭烘焙在大部分品种上还是有价格优势的，例如蛋糕的成本是外卖价格的三分之一，挞派的成本比外卖的价格便宜一半，面包的成本与外卖的价格基本持平，唯一高出的就是手工饼干，成本比超市饼干的价格贵了好几倍。我建议大家在食品安全的前提下，根据经济能力选择原材料，并不是越贵的、越稀奇的越好，一般我以买中档价格的食材为主，偶尔狠心买点儿超级好的，你也可以像我这么做。

无盐黄油150g、白砂糖80g、全蛋液20g、
低筋面粉175g、杏仁粉115g

材料

夹心馅:黑巧克力50g

参考份量:14块

做法

♨ 将无盐黄油室温放软,加入白砂糖打发,打至颜色发白,体积略大即可。

♨ 加入全蛋液,搅拌均匀。

♨ 加入过筛的低筋面粉和杏仁粉,用手抓成均匀的面团。将面团包保鲜膜,放入冰箱冷藏、松弛30分钟。

♨ 将松弛好的面团从冰箱取出,每次称取20g,搓圆后整齐地排在烤盘上。

♨ 将烤箱预热至160℃,上下火、中层,烘烤20分钟,10分钟后取出。将黑巧克力隔水融化,稍微放凉后装入裱花袋,取1粒烤好的饼干,挤上适量黑巧克力,再按上另外1粒饼干。

贴士

★ 巧克力不应挤得过多,以两块饼干的接缝处刚好能看到为宜。

Peanuts Cookies 花生小西饼

对于新手该如何开始烘焙之路,有不少人来咨询我,大家问得最多的问题就是:买什么烤箱?买什么工具?买什么模具?买什么材料?应该从何开始?我的回答如下:家用烤箱以25L为宜,大小类似微波炉,最好买带低温区(0℃~100℃)的烤箱,不带低温区的烤箱等做到面包时你就知道它有多不方便了;工具包括电动打蛋器、手动打蛋器、橡皮刮刀、量勺、量杯、电子秤或弹簧秤、打蛋盆都是必不可少的,必须一开始就备齐;模具的话,是个无底洞,我推荐价位在30~60元的国产模具,如果有经济实力,可以直接买进口模具一步到位,必备的模具是戚风模和吐司模,之后看情况再增加;材料因为受到保质期的影响,不要一下子买太多,想做什么先买相对应的材料,囤着囤着就会囤齐了。建议烘焙新手从饼干或马芬开始起步,有些积累了,再上难度,不要想着一口气吃成个胖子,就算那样也是虚胖不是strong!

无盐黄油100g、糖粉50g、全蛋液30g、低筋面粉150g、奶粉3勺半、泡打粉1/4小勺、盐1/4小勺、香草粉1/4小勺
表面装饰：生花生36粒、蛋清液少许

参考份量：36块

🍲 将无盐黄油室温放软，加入糖粉打发，打至颜色发白，体积略大即可。

🍲 分两次加入全蛋液，搅拌均匀。

🍲 将面团包保鲜膜，放入冰箱冷藏、松弛30分钟。将松弛好的面团从冰箱取出，每次称取10g，搓圆后整齐地排在烤盘上。

🍲 加入香草粉和盐，搅拌均匀。加入过筛的低筋面粉、奶粉和泡打粉，用橡皮刮刀从不同方向刮拌成均匀的面团。

🍲 在每个小面团表面刷上一层蛋清液，并按上一颗花生，顺势将面团稍许压扁。将烤箱预热至165℃，上下火，中层，烘烤20分钟，10分钟后取出即可，上色后请及时加盖锡纸。

★ 花生切记不能用熟的，否则经过烘烤就烤焦了。花生可以换成别的果仁。

巧克力豆饼干
Chocolate Cookies Beans

烘焙随笔

　　这款饼干点缀了五彩的巧克力豆,活泼了不少,深受小朋友们的喜爱。在美国的同学很激动地跟我说:"你这个饼干呀,美国也有,不过很大很大!很甜很甜!"自从我开始学习烘焙,最大的改变就是我身边的人关注烘焙的事儿多了,身边崇拜我的小朋友多了,但凡大家在外面看到点儿方子或好的造型都会来告诉我一声,小朋友们更是把我和"糕点师傅"这个称号紧紧地联系在了一起。同事的儿子说:"我们家吃的饼干、蛋糕和面包都是有人专门做的!"这位小朋友,我是你们家的佣人吗?同事的女儿说:"小鲍阿姨上班在干什么,是不是在做面包?小鲍阿姨可不能升官,不然就没时间给我们做饼干啦!"这位小朋友,这话千万不要跟我的领导说哦,我是认真上班的,还有哦,能升职还是给我升职吧!我的外甥女说:"大阿姨做的面包最好吃,比外面卖得还要好吃!不放香精的!"这位小朋友,哪位家长教你这么说的呀,香精是什么,知道吗?可爱的小朋友们,你们的鼓励和肯定让我更有烘焙的热情了,以后我会做更多好吃、好看、好玩儿的糕点和你们分享!

材料

无盐黄油80g、糖粉70g、低筋面粉150g、
无糖可可粉15g、全蛋液30g、泡打粉1/2小勺、
耐烘烤巧克力豆80g、彩色巧克力豆两包

参考份量：15块

Preparation Method

做法

♨ 将低筋面粉、可可粉、泡打粉过筛备用，彩色巧克力取出备用。

♨ 将无盐黄油室温软化，加入糖粉打发，打至颜色发白，体积略大即可。

♨ 分两次加入全蛋液，搅拌均匀。

♨ 加入过筛的粉类，用橡皮刮刀从不同方向刮拌成团。

♨ 加入耐烘烤巧克力豆,用橡皮刮刀从不同方向刮拌成巧克力豆分布均匀的面团。

♨ 称取30g面团,搓圆,放在烤盘上,用手指按成直径6cm的圆饼。

♨ 按上4粒不同颜色的彩色巧克力豆。将烤箱预热至170℃,上下火,中层,烘烤25分钟即可。

Baking Tips

贴士

★ 巧克力豆饼干的面团颜色比较深,难以观察到是否上色,大约烘烤10分钟后,可加盖锡纸,预防饼干上色过度。

卡通红糖曲奇

Cartoon Form of Brown Sugar Cookies

　　这是唯一一款将黄油融化在红糖里的饼干,也是我烘焙生涯的第一款饼干。那时候的我犯了一个所有初学者都会犯的错误,将饼干的面团反复搓揉了近十分钟后才算完,烤出来的饼干硬得差点硌掉了牙。直至后来随着我制作蛋糕和面包技术的不断改进,我的饼干技术依旧停留在坚硬的阶段。"饼干是我的弱项!"记得我曾经写过这样的博客。大家应该很难想象现今的饼干达人,还有如此哀怨的过去。饼干多使用低筋面粉,为的是获得酥松的口感,但低筋面粉虽然筋度低却并不代表没有筋度,如果像对待面包的面团一样对待饼干的面团,反复地搓揉,你会发现低筋面粉的筋度也很惊人!所以饼干面团有自己独特的成团方式,除使用刮刀刮拌成团外,还可以下手抓成团,通过将面糊从指缝中挤出的方式,迅速地混合液体材料和固体材料,整个过程很快,绝不超过3分钟。希望我的经验能够帮助大家走出饼干制作的误区,实现手工饼干的大突破!

34

无盐黄油50g、红糖120g、低筋面粉200g、鸡蛋1个

参考份量:30块

将黄油和红糖放入盆内,隔水加热化成红糖水,边加热边搅拌。

将鸡蛋在小碗内打散后,一次性加入红糖水中,搅拌均匀。

加入过筛的低筋面粉,用橡皮刮刀从不同方向刮拌成面团。

★ 刻模这一步不好操作,如果觉得面团太软了很难提起,可以将其擀成薄片后再放入冰箱冷藏或冷冻,具体视面团情况而定,也可以在保鲜膜上撒上一层薄面粉帮助操作。

将面团入冰箱冷藏30分钟后,放在保鲜膜上,用擀面杖擀成5mm的面片,并用自己喜欢的饼干模具刻出图案,整齐地排到烤盘上。

将烤箱预热至190℃,上下火,中层,烘烤12分钟,10分钟后取出,上色后请及时加盖锡纸。

红糖核桃饼干

烘焙随笔

Brown Sugar Walnut Cookies

　　来到了我最拿手的饼干单元——冰箱饼干，从红糖核桃饼干开始到车轮饼为止，都属于冰箱饼干这一大类。这类饼干的特点是，可以直接用手进行干、湿材料的混合成团，完成后的面团必须经过冷藏或冷冻凝固，才能用刀切片。成品的硬度较高，口感酥脆，内部组织紧密。对于冰箱饼干，常常有人问我，怎么才能快速制作出想要的形状呢？其实这个很简单，我的秘诀就是适当地利用保鲜膜来辅助整形。冰箱饼干常用的造型有五种，片状、圆形、正方形、长方形和三角形。若用手直接接触面团整形的话，力度相对难控制，但如果用手弄出个基本形状，再包上保鲜膜，轻轻地摔摔，柔柔地挤挤，慢慢地滚滚，会比较容易造型，特别是遇到一些加了坚果的特别干的面团时，掉下来的碎屑严重妨碍了我们的整形，但是包上保鲜膜后，碎屑们都被包裹在里面，一摔一挤一滚，烦人的碎屑马上被压回到面团上，非常方便。有了上面这个小窍门，大家不用再担心整不好形了……

无盐黄油65g、红糖50g、生核桃仁80g、全蛋液30g、低筋面粉170g、小苏打1/2小勺

参考份量：20块

♨ 核桃仁无需事先烤熟，用剪刀剪成小块备用。

♨ 将无盐黄油室温软化，加入红糖搅拌均匀。

♨ 分两次加入全蛋液，打发成均匀的奶油糊。

☽ 加入过筛的低筋面粉和小苏打,用手抓成均匀的面团。

☽ 加入核桃碎,用手抓成均匀的面团。

☽ 将面团放在保鲜膜上,基本整成长方体后,包上保鲜膜,整成长20cm、宽5cm、高3cm的长方体。

☽ 将整好形的面团放入冰箱冷冻1小时。将冷冻好的面团从冰箱取出,用刀切成1cm的厚片,整齐地排在烤盘上。

☽ 将烤箱预热至170℃,上下火,中层,烘烤25分钟,10分钟后取出即可。

贴士

★ 将面团入冰箱冷冻1小时可改为入冰箱冷藏3小时,视制作时间是否充裕而定。冷冻时间不能太长,否则面团会很难切。

★ 这款饼干除长方形外,还能整形成正方形或其他形状,大家可以自由发挥。

Almond Cookies 杏仁西饼 烘焙随笔

　　坚果和种仁是烘焙的好朋友,不仅丰富了糕点的质感和口感,也丰富了糕点的造型。在家庭制作中,我们常常用到的坚果和种仁有杏仁、核桃、腰果、花生、南瓜籽、葵花籽、松仁、榛子、开心果和夏威夷果。这些坚果和种仁应该以何种形式加以利用?杏仁可以整粒、切片、切碎、磨粉使用,核桃可以切碎使用,腰果、南瓜籽、葵花籽、松仁、开心果、夏威夷果可以整粒使用,花生可以整粒、切碎、磨粉使用,榛子可以切碎、磨粉使用。这些坚果和种仁应该直接用生的还是烘烤一下再使用呢?您只要掌握以下大原则即可,一般整粒使用的坚果或种仁需事先烘烤,磨粉、切碎的可以直接使用,使用在面团内部的需事先烘烤,作为表面装饰的可以直接使用。坚果和种仁的营养价值很高,富含多种维生素和抗氧化剂,常吃坚果类食品不仅能保持营养均衡,还能护心健脑。对付那些不爱吃坚果的小朋友们,妈妈们不妨试试把坚果做进糕点,捕获小朋友们的味蕾吧!

无盐黄油 100g、糖粉 60g、全蛋液 30g、香草粉 1/2 小勺、低筋面粉 200g、泡打粉 1/2 小勺、生杏仁 100g

参考份量:24块

Preparation Method

做法

♨ 将生杏仁用水洗一下,平铺在烤盘上,放入预热至 150℃ 的烤箱,烘烤10分钟备用。

♨ 将无盐黄油室温软化,加入糖粉打发,打至颜色发白,体积略大即可。

♨ 分两次加入全蛋液,搅拌均匀。

♨ 加入香草粉,搅拌均匀。加入过筛的低筋面粉和泡打粉,用手抓成均匀的面团。

♨ 加入杏仁,用橡皮刮刀刮拌成均匀的面团。

♨ 将面团放在保鲜膜上，基本整成长方体后，包上保鲜膜，整成长20cm，宽4cm，高4cm的长方体。

♨ 将整好的面团放入冰箱冷冻1小时。把冷冻好的面团从冰箱取出，用刀切成1cm的厚片，整齐地排在烤盘上。

♨ 将烤箱预热至170℃，上下火，中层，烘烤22分钟，10分钟后取出即可。

贴士

★ 将生杏仁事先烘烤10分钟，不是为了把杏仁烤熟，而是为了烤干杏仁里面的水分。

★ 这款饼干的面团比较干，将杏仁捏入面团这一步是力气活，一定要有耐心，将杏仁均匀地捏入面团中。

★ 整形时，尽量将杏仁包裹在面团内部，若是露在表面的话，烘烤时杏仁容易漏掉。这款饼干的截面除整形成正方形外，还能整形成长方形。

培根芝士西饼
Bacon Cheese Cookies 烘焙随笔

　　中国人大都以吃咸为主,如果要一口气吃三天甜点,估计都受不了。这让我想起了第一次去青岛,连吃一周面食就很想念米饭的时光,呵呵。不过在西点里也有很多咸味的材料在兢兢业业地发挥着作用,它们或作点缀,或作馅料,配合着甜味的面团,使点心呈现出不一样的风味。饼干里我们常用的咸味材料有培根、香葱末和海苔碎;面包里我们常用的咸味材料有香肠、培根、肉松、葱花;蛋糕里的咸味材料比较罕见,只有偶尔出现的咸味马芬。加了咸味材料的西点,味道很鲜,就像我们炒菜时加冰糖一样,"吊鲜吊鲜"就是这个意思,只不过在糕点中被逆转了,是咸味去吊甜味的鲜,而不是甜味去吊咸味的鲜。这款培根芝士饼干是本书中唯一的一款咸味饼干,希望大家能够喜欢这种甜咸交错的奇特口感!

无盐黄油80g、糖粉40g、全蛋液45g、
帕玛森芝士粉20g、低筋面粉150g、培根50g

参考份量：21块

♨ 将培根用剪刀剪成小块备用。

♨ 将无盐黄油室温软化，加入糖粉打发，打至颜色发白，体积略大即可。

♨ 分两次加入全蛋液，搅拌均匀。

♨ 加入帕玛森芝士粉，搅拌均匀。

♨ 加入过筛的低筋面粉，用橡皮刮刀从不同方向刮拌成均匀的面团。

♨ 加入培根碎，用橡皮刮刀从不同方向刮拌成均匀的面团。

♨ 将面团放在保鲜膜上，基本整成长方体后，包上保鲜膜，整成长约21cm的三棱柱。将整好的面团放入冰箱冷冻1小时。

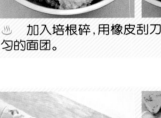 

♨ 将冷冻好的面团从冰箱取出，用刀切成1cm的厚片，整齐地排在烤盘上。将烤箱预热至170℃，上下火，中层，烘烤30分钟，10分钟后取出即可。

Baking Tips

贴士

★ 这款饼干的面团较软，所以整形有点棘手，可以先将面团整成长方体后，入冰箱冷藏30分钟略定型，再取出，整成三棱柱，最后入冰箱冷冻1小时。

奥利奥奶酥饼干
Oreo Milk Crisp Cookies

烘焙随笔

　　自从爱上了烘焙,我就爱上了去超市看食材,哪怕没什么需要买的,去看看也心情愉快。烘焙材料的累积是个漫长的过程,一开始我也跟没头苍蝇似的,根本不知道去哪里采购,采购什么牌子的好,但是渐渐地就有了经验。现在我家的食材齐备,突然冒出灵感想做点什么也不愁家里没原料。下面就跟大家分享一下我的采购经验吧。烘焙新手不要着急把所有材料都买齐,从你有兴趣、先尝试的品种开始,采购一部分再说,因为有很多三分钟热度的同学,如果材料一下子买太多又突然失去热情,就太浪费了。油脂和粉类材料建议在当地购买,可以找信誉好、货品多又有实体店的网络卖家,如果要通过网购,不仅邮费惊人,而且油脂材料也经不起长途跋涉,尤其是在夏天。其他材料都可以通过网络解决,但是也不要忽视本地的大型超市,尤其是那些有进口商品的超市,平时的价格确实没有优势,可如果遇到了打折,捡到便宜货也不是不可能的哟。我是有很多捡到宝在梦里都笑醒的时候哦,哈哈!

Ingredients

材料

奥利奥饼干60g、无盐黄油70g、白砂糖45g、
香草粉1/4小勺、全蛋液35g、低筋面粉150g、
泡打粉1/2小勺

参考份量：25块

Preparation Method

做法

将奥利奥饼干掰开，刮去中间的夹心层，掰成小块备用。

将无盐黄油室温放软，加入白砂糖打发，打至颜色发白，体积略大即可。

加入香草粉，搅拌均匀。

分两次加入全蛋液，搅拌均匀。

加入过筛的低筋面粉和泡打粉，用手抓成均匀的面团。

加入奥利奥饼干碎，用橡皮刮刀刮拌成均匀的面团。

♨ 将面团放在保鲜膜上，基本整成长方体后，包上保鲜膜，整成长25cm，宽3cm，高3cm的长方体。将整好的面团放入冰箱冷冻1小时。

♨ 将冷冻好的面团从冰箱取出，用刀切成1cm的厚片，整齐地排在烤盘上。将烤箱预热至170℃，上下火，中层，烘烤25分钟，10分钟后取出即可。

Baking Tips

 贴士

★ 奥利奥的重量以去掉夹心馅后的重量为准。

Wheel Cookies 车轮饼

刚出炉的饼干不能马上吃，在彻底放凉之前也不能装袋。原因很简单，刚出炉的饼干不能体现酥、松、脆的特点，并且过高的温度还掩盖了食材的味道，吃起来并不好吃。如果过早装袋，余温形成的水汽会再度被饼干吸收，造成饼干变软。那么，怎么吃饼干和保存饼干才是正确的呢？首先，出炉后的饼干应尽快从烤盘上取下，放在烤网上彻底凉透，凉透了的饼干才能体现饼干所有美味的特点，你会发现凉透的饼干跟刚出炉时无论质地和味道上都有巨大的不同。其次，凉透了的饼干必须立即装入保鲜盒、保鲜袋或玻璃罐等密封容器中，否则饼干在室温下放置太久会吸收空气中的湿气而再度变软，影响口感。最后，如果饼干真的有回软现象，也不用担心，可以用低温满烤的方式将其水分烤干，饼干便能立刻恢复原有的口感。

无盐黄油90g、白砂糖55g、蛋清20g、低筋面粉180g、杏仁粉15g、泡打粉1/4小勺、无糖可可粉两小勺

参考份量:16块

♨ 将无盐黄油室温放软,加入白砂糖打发,打至颜色发白,体积略大即可。

♨ 加入蛋清,搅拌均匀。

♨ 将面团平均分成两份,其中一份加入可可粉,用手抓成均匀的可可面团。

♨ 加入过筛的低筋面粉、杏仁粉和泡打粉,用手抓成均匀的面团。

♨ 将两种颜色的面团分别放在保鲜膜上,先用手将面团推开呈长方形,再用擀面杖擀成长22cm,宽17cm的长方形薄片,将两张面片叠在一起,并卷成卷。将整好形状的面团放入冰箱冷冻1小时。

♨ 将冷冻好的面团从冰箱取出,用刀切成1cm的厚片,整齐地排在烤盘上。将烤箱预热至165℃,上下火,中层,烘烤25分钟,10分钟后取出即可。

Baking Tips

贴士

★ 长方形面片的擀制,可利用其他水平工具抵住四边,帮助形成规则的长方形,略麻烦,需要点耐心慢慢擀。

★ 可可粉可用其他色泽鲜艳的粉替换,如黄金芝士粉、抹茶等,做出五彩的车轮饼。

Butter Cookies
黄油曲奇

作为挤花饼干的代表,大家最爱吃的饼干之一,黄油曲奇因其油分和水分含量较高而体现出异常酥松的口感。不过好看好吃的黄油曲奇并不容易做成功。挤花饼干对面糊的软硬程度要求比较高,太软的面糊虽然好挤,但经过烘烤,原有的形状会立刻塌陷,完全看不见花纹;太硬的面糊,如果你不是大力士,就算你使出浑身的力气,也挤不出完整的形状。所以挤花饼干的面糊追求的是一种软硬适中的状态,费一点劲但又不费大劲的境界需要通过不断练习才能掌握。除此之外,挤花饼干是唯一用到塑形工具的饼干,最常用的花嘴是菊花嘴,裱花袋最好不要用一次性的,因为受力太小容易挤破。挤花纹时一手用力一手辅助,以垂直或倾斜45°并离开烤盘1cm的方式操作,这样才对。写着写着,我突然想起了丹麦的蓝罐曲奇,多少人记忆里的经典啊,现在不用去买了,自己在家里就能做!

Ingredients

材料

无盐黄油110g、奶粉两大勺、低筋面粉200g、泡打粉1/2小勺、糖粉70g、全蛋液30g

参考份量:40块

Preparation Method

做法

♨ 将无盐黄油室温软化,加入糖粉打发,打至颜色发白,体积略大即可。

♨ 分两次加入全蛋液,搅拌均匀。

♨ 加入过筛的低筋面粉、奶粉和泡打粉，用橡皮刮刀从不同方向刮拌成均匀的面团。

♨ 将面团装入裱花袋，握紧袋口处，挤掉花嘴处的空气，一手用力，一手辅助，以垂直烤盘并离开烤盘1cm的方式挤出曲奇花纹。将烤箱预热至175℃，上下火，上层，烘烤15分钟即可，上色后请及时加盖锡纸。

Baking Tips

贴士

★ 曲奇饼干并不适合冬天做，尤其是在南方没有暖气的地方，挤花真的很费劲。如果冬天做曲奇，建议不要一次性将所有面团装入裱花袋，可以分次装入，面团少相对好挤一些。

★ 曲奇的大小能自己控制，多挤出些面团，面团摊得面积就相对较大，也可以根据喜好挤成长条形、螺旋形和"S"形的曲奇。

双色饼干圈
Double Color Cookies Circle

烘焙随笔

抹茶是用天然石磨碾磨成微粉状的覆盖的蒸青绿茶。双色饼干圈中用到了抹茶，而非绿茶粉。抹茶和绿茶粉并不是一种东西。抹茶起源于中国，但在明朝已经消亡，随后却在日本得到发展。真正的抹茶由石磨碾磨而成，石磨运转缓慢，产量很低，一个小时仅能生产40g，颗粒极细，色彩翠绿，有清新的茶香，泡水后泡沫细腻，能悬浮不沉淀。与我们的思维定式相悖，抹茶的品级以其色彩鲜艳程度区分，颜色越鲜艳的越顶级。在误把绿茶粉当抹茶用了若干年后，我终于认清了这两者的区别，怪不得以前做出的所谓抹茶类产品，颜色不绿，不是发灰就是发黄，原来根本就是用错了东西。在国内能买到的正宗抹茶，价格在75元40g左右，非常昂贵，如果用来做蛋糕，只能做两个半八寸蛋糕，如果用来做饼干，相信数量也是屈指可数。希望这个小知识能够帮助大家走出对抹茶的认识误区，更好地区分市面上各种形形色色所谓的"抹茶类糕点"。

54

无盐黄油100g、糖粉60g、低筋面粉200g、泡打粉1小勺、
蛋清45g、抹茶两小勺、玉米粉两小勺

Preparation Method 做法

♨　将无盐黄油室温放软，加入糖粉打发，打至颜色
发白，体积略大即可。

♨　分两次加入蛋清，搅拌均匀。

♨　加入过筛的低筋面粉和泡打粉，用橡皮刮刀从不
同方向刮拌成均匀的面团。

将面团平均分成两份,1份加入抹茶,用手抓成抹茶面团,1份加入玉米粉,用手抓成玉米面团。

分别取10g的抹茶面团和10g的玉米面团,搓成8cm的长条,摆放在一起,旋转后再搓成15cm长的螺旋面条,两头叠加后,形成圆环排在烤盘上。将烤箱预热至150℃,上下火,中层,烘烤25分钟即可。

Baking Tips

贴士

★ 因为要将双色面团像拧麻花一样的旋转做造型,所以之前在形成面团时可以适当地多搓揉下,产生一点筋性,防止整形时容易断裂。

★ 以低温慢烤方式烘烤成品,更能保持饼干的原色外观,所以最后出来的饼干并没有上其他颜色,而是保持了鲜明的黄绿对比。

Ladyfinger 手指饼干

手指饼干,英文名ladyfinger,因外形酷似手指而得名。手指饼干的做法与其他饼干的做法大为不同,非常类似分蛋海绵蛋糕的做法,只是最后筛两遍糖粉使烘烤出的手指饼干外酥里软,拥有饼干的口感。手指饼干的面糊可塑性很大,除了可以挤成传统的长条手指形外,还能盘旋地挤出圆形饼底,或者并排地挤成围边。手指饼干除了直接食用外,还能做各种蛋糕的配饰,例如提拉米苏,例如夏洛特蛋糕。用手指饼干围成的洋梨夏洛特,绑上丝带简直美到不可方物!

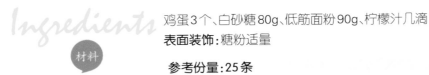

Ingredients
材料

鸡蛋3个、白砂糖80g、低筋面粉90g、柠檬汁几滴

表面装饰：糖粉适量

参考份量：25条

用分蛋器分离出蛋黄和蛋清。在蛋黄中加入一半白砂糖，快速打发至颜色发黄的浓稠状。

在蛋清中加入柠檬汁，用电动打蛋器打至起粗泡，一次性加入另一半白砂糖，快速打发至硬性发泡。

取1/3打发的蛋白与蛋黄糊刮拌均匀，再倒回到剩下的2/3蛋白中刮拌均匀。

👋 加入过筛的低筋面粉,刮拌均匀。

👋 将面糊装入裱花袋中,剪一个直径1cm的口子,在烤盘上均匀地挤上面糊条,并筛两遍糖粉,一遍吸收了再筛第二遍。将烤箱预热至180℃,上下火,中层,烘烤12分钟即可。

贴士

★ 裱花袋的口子不要剪得太大,如果太大挤出的面糊粗细不好控制。

chapter three 第三章

松软可人

蛋糕的美味王国

Soft and Sweet

Delicious Kingdom of Cake

Cheese muffin 芝士马芬

　　我爱马芬,因为它是世界上最简单的蛋糕。马芬,英文名muffin,根据制作方法不同可以分为两类,传统法马芬和乳化法马芬,主要的区别就在于:前者使用色拉油,只要把材料简单地拌合,完全依靠泡打粉等膨松剂使蛋糕膨胀起来;而后者则需要使用黄油,将黄油打发后与蛋液充分乳化,步骤相对复杂一点。也许有人对泡打粉等添加剂比较敏感,心里总觉得不安全,我倒是觉得传统法马芬更能体现这种蛋糕的精髓,泡打粉可以用无铝的,如果都用乳化法做马芬,做法如此类似磅蛋糕,那磅蛋糕不就失去存在的意义了? 马芬的取材也很多元,水果干、坚果干、全麦粉、玉米粉、可可粉、抹茶、燕麦片、玉米片等,甚至吃不完的米饭都能用来混搭。快来混搭一款属于你自己的马芬吧!

奶油奶酪 120g、白砂糖 100g、色拉油 100g、
全蛋液 60g、低筋面粉 200g、牛奶 120mL、
泡打粉两小勺

参考份量：小号纸杯 14 个

♨ 将油纸托事先摆入硅胶马芬模具中，整齐地排在烤网上。

♨ 将低筋面粉、泡打粉过筛备用，将鸡蛋放在小碗内打散备用。

♨ 将奶油奶酪隔水软化，加入白砂糖，用打蛋器搅拌均匀。

♨ 分三次加入全蛋液，打匀一次加入下一次。

♨ 分三次加入牛奶，打匀一次加入下一次。

♨ 分三次加入色拉油，打匀一次加入下一次。

🖐 加入过筛的粉类,用橡皮刮刀从不同方向进行搅拌,直至看不见干粉,不需要面糊很光滑。

🖐 将拌好的面糊用勺子装入事先准备好的油纸托内,八分满。将烤箱预热至180℃,上下火,中下层,烘烤20分钟即可,上色后请及时加盖锡纸。

贴士

★ 做马芬用的色拉油有讲究,一般要选择自身味道不重的油,例如葵花籽油、大豆油和玉米油。那些自身香味较重的油是不适合拿来烘焙的,例如花生油、橄榄油和调和油。戚风蛋糕用的色拉油亦是如此。

★ 马芬不宜做得过大,宜多用底部直径不大于5cm的小纸杯或油纸托。用大号的马芬杯做出的马芬不仅鼓出的顶不好看,吃起来也很费劲。一个扎扎实实的大马芬落肚,真的很难消化。

Peanut Butter muffin
花生酱马芬

烘焙
随笔

　　刚出炉的蛋糕可以马上切或马上吃吗？答案是否定的。不能切的原因是刚出炉的蛋糕组织还未完全长好,此时立刻脱模或切割,锯齿刀不断地拉动,会破坏蛋糕的形状,最好的方法是等蛋糕彻底凉透再进行操作。不能吃的原因是刚出炉的蛋糕表皮比较干硬,口感并不好,如果放至室温再装入保鲜袋,第二天食用时口感最佳。以马芬为例,刚烤好的马芬,用手触碰能感觉到表皮明显干硬,吃起来更是会有奇怪的味道,据我分析这种味道应该是泡打粉受热的味道,完全掩盖了马芬中主要材料的味道。如果将其放至温热,再装入保鲜袋过夜,马芬表面的手感会变得柔软,吃起来的味道则是另外一番景象。所以说心急吃不了热豆腐,想吃到美味的蛋糕,我们必须等一等。

材料

低筋面粉200g、泡打粉两小勺、鸡蛋4个、
白砂糖100g、色拉油80g、牛奶140mL、
颗粒型花生酱200g

参考份量：小号纸杯14个

做法

♨ 纸杯要事先整齐地排在烤网上备用

♨ 将鸡蛋在盆中打散，并一次性加入白砂糖，搅拌均匀。

♨ 分三次加入色拉油，搅拌均匀。

♨ 分三次加入牛奶，搅拌均匀。

♨ 一次性加入花生酱，搅拌至结块的花生酱全部散开为止。

♨ 加入过筛的低筋面粉和泡打粉，用刮刀从不同方向刮拌成均匀面糊，干湿刚刚混合、面糊尚显粗糙的状态即可。

☺将拌好的面糊用勺子装入事先准备好的纸杯内，九分满。将烤箱预热至180℃，上下火，中下层，烘烤25分钟即可，上色后请及时加盖锡纸。

贴士

★ 马芬鼓出来的形状能自行控制，如果想顶部裂开鼓得高些，可以把面糊装至九分满。例如这款花生酱马芬，如果想得到一个没有裂痕的圆顶，面糊装七八分满足矣。

南瓜马芬 Pumpkin muffin 烘焙随笔

　　夏末初秋,是老南瓜上市的季节,一年也就是这个时节,可以肆无忌惮地捣鼓各类南瓜糕点们。中式的、西式的、液态的、固态的、煎炸的、烘烤的,老南瓜适合各种各样的"被折腾"。将超市买来的老南瓜洗净后切段,放入蒸锅中大火蒸15分钟,蒸透蒸烂,取出放凉后去皮,剩下的南瓜泥便是我们宝贵的原料。南瓜泥加糯米粉可以做南瓜饼,南瓜泥煮粥可以做成南瓜粥,南瓜泥加入蛋糕可以做成南瓜马芬、南瓜戚风,南瓜泥混入面包可以做成南瓜餐包、南瓜吐司。除此之外,用南瓜泥做出的糕点还有两个优势,一是有颜色,老南瓜天然的金黄色为糕点增色不少;二是南瓜泥的保水性很好,南瓜面包不仅软,而且放得时间还久。中医认为,南瓜性温味甘,归脾经、胃经,有补中益气、清热解毒之功效,适用于脾虚气弱、营养不良、肺痈、水火烫伤等。所以和地瓜泥一样,南瓜泥也是很受欢迎的烘焙原料。作为烘焙爱好者的我们,天真地希望老南瓜上市的期限是一季,一季的期限是一年。

材料

鸡蛋两个、南瓜泥200g、色拉油100g、
牛奶70mL、白砂糖90g、低筋面粉160g、
泡打粉1小勺、苏打粉1/2小勺、肉桂粉1/2小勺、
盐1/4小勺

参考份量：小号纸杯14个

将鸡蛋打入盆中，在全蛋中加入白砂糖和盐，用打蛋器将鸡蛋打散，并搅拌均匀。

分三次加入色拉油，搅拌均匀。

Preparation Method

做法

将老南瓜隔水蒸熟，放凉备用。

加入蒸熟的南瓜泥，搅拌均匀。分三次加入牛奶，搅拌均匀。

🖐 加入过筛的低筋面粉、肉桂粉、泡打粉和苏打粉,改用橡皮刮刀以不规则方向轻轻刮拌,使其呈均匀的面糊。

🖐 用勺子将面糊舀入纸模内,八分满。将烤箱预热至180℃,上下火,中下层,烘烤25分钟即可。

Baking Tips

贴士

★ 肉桂的味道有些人可能吃不惯,所以可以不放或者只放一点点,依个人的口味而定。

Vanilla Chocolate Beans muffin
香草巧克力豆马芬

烘焙
随笔

　　马芬虽简单,但也不能小瞧了它。听过不止一个人跟我抱怨说做马芬失败了,所以特意总结了一些我们在做马芬时可能会遇到的失败点和原因。如果你的马芬味道不正,带着一股子油味,那么说明你用错了色拉油。马芬中我们应该用自身味道不重的色拉油,例如葵花籽油、大豆油和玉米油,避免使用花生油、橄榄油和调和油这类自身香味很突出的油。如果你做的马芬鼓不起来,这里面有很多原因,首先应该考虑的是面团搅拌过度的问题,马芬因为用到了泡打粉,所以无需使劲划圈搅拌,只要做到干湿材料刚刚混合就好,过度搅拌会让泡打粉挥发了作用,到真正烤的时候就无力了;其次应该考虑的是面糊放置的问题,搅拌好装杯后的面糊应及时送入烤箱进行烘烤,千万不要在空气中放置很久再入炉,空气会让面糊表皮的水分流失,入炉后就再难鼓出漂亮的形状。泡打粉的作用在放入面糊这一刻就开始了,过久的放置会降低泡打粉的作用,会使泡打粉在入炉后产生无力的情况,最后导致马芬鼓不起来的结果。

材料

无盐黄油100g、白砂糖85g、鸡蛋两个、低筋面粉240g、泡打粉两小勺、香草粉1小勺、牛奶160mL、耐烘烤巧克力豆80g

参考份量：小号纸杯14个

做法

将低筋面粉、香草粉和泡打粉过筛备用，将鸡蛋放至常温，打散在小碗里备用。

将无盐黄油室温软化，加入白砂糖搅拌均匀。

分三次加入蛋液，打发成均匀的奶油糊。

🖐 用橡皮刮刀按照1/3粉、1/2牛奶,1/3粉、1/2牛奶,1/3粉和
大部分巧克力豆的顺序,从不同方向将干粉和液体刮拌均匀,
拌出略显粗糙、看不到干粉的面糊即可。

🖐 将拌好的面糊装入裱花袋,挤入纸模内,八分
满,表面上放几颗先前剩下的巧克力豆。将烤箱预
热至180℃,上下火,中下层,烘烤22分钟即可。

★ 如果不用裱花袋,直接用勺子舀面糊装入纸杯也
可以,只不过这个面糊有点稠,需要用手指将面糊表
面抹平,否则会影响成品形状。

Cocoa Chiffon Cake
可可戚风

烘焙
随笔

　　终于来到了戚风蛋糕这一节，这个让我在失败与成功之间断断续续挣扎了两年，有喜有悲的蛋糕呀！回想起以前那些自以为成功的作品，天知道忽悠了多少无辜的同事，嘿嘿。失败的戚风蛋糕有两个表现，一是蛋糕体出炉后回缩，二是内部组织结块。如果你做的戚风蛋糕有这些情况，哪怕吃起来尚可也不能算成功哦。完美的戚风蛋糕要求出炉后绝对不塌陷，组织细腻不结块，口感绵软，孔洞均匀，入口即化。赶紧动手跟我学吧！

无糖可可粉两大勺、牛奶83mL、色拉油50g、
低筋面粉83g、鸡蛋5个（略大一些）、朗姆酒1小勺、
白砂糖60g、盐1/4小勺、玉米淀粉1大勺、柠檬汁几滴

参考份量：直径17cm中空戚风1个

🔥 将鸡蛋从冰箱取出，放至室温，用分蛋器将蛋黄和蛋清分开，放一边备用。蛋黄放在小碗内，放蛋清的盆要确保干净，无油、无水。

🔥 另取一盆，倒入牛奶与色拉油，用打蛋器搅拌充分，变成稀米汤的样子，一至两分钟。

🔥 筛入低筋面粉和可可粉，略微搅拌，到看不见干粉即可。

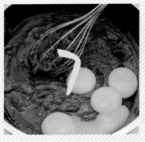

♨ 加入朗姆酒和蛋黄，充分搅拌，直至面糊光滑。将搅拌好的面糊放一边备用。

♨ 在蛋清中加几滴柠檬汁，先用电动打蛋器低速档打至其起粗泡，一次性加入白砂糖、盐和玉米淀粉，再换成高速档打至其至硬性发泡，直到蛋盆倒过来蛋白也不会掉下来的程度，最后再换成低速档打一会儿，将高速产生的大泡给消掉，整个过程持续8分钟左右。

♨ 取1/3的蛋白糊放至蛋黄糊内，用橡皮刀将面糊从底部捞起，像炒菜那样地切拌均匀，为了防止消泡，绝对不能划圈搅拌。

♨ 将拌好的面糊再倒入那剩下的2/3的蛋白糊中，同理切拌均匀，为了防止消泡，动作要尽量快。

将拌好的面糊倒入模具中，刮平表面。在模具的烟囱上也粘上一些面糊，有利于戚风蛋糕的爬升。

将烤箱预热至150℃，上下火，中下层，烘烤60分钟，上色后，加盖锡纸预防蛋糕被烤焦。

出炉后，摔两下，然后将戚风模倒扣，彻底放凉后再脱模。

切掉不平整的表面，装盒即可。

贴士

★ 戚风蛋糕制作起来很难，所以常常被称作"气疯蛋糕"，可是只要掌握下面几个要点，就可以做出成功的戚风蛋糕来。

1.新手们都建议去买中空的戚风模具，这样蛋糕体的中间也能同时受热，比普通的圆模更容易烤熟，组织更好，塌陷回缩的风险也会小很多。

2.蛋白一定要打到硬性发泡，有很多人觉得硬性发泡很难判断，其实很简单，把打蛋盆180°翻转，如果蛋白流不出来，表明硬性发泡的程度达到了，可以进行下一步操作。

3.混合蛋黄糊和蛋白糊的时候，切记不能划圈搅拌，这样非常容易消泡，一定要从底部将面糊抄起，手法比较像炒菜，拌到面糊光滑，没有蛋白的大颗粒了为止。

4.烘烤是很重要的一步，戚风蛋糕出炉后容易回缩塌陷，组织内部有结块、不膨松，我觉得没有烤熟是失败的原因。判断是否烤熟也有诀窍，在烘烤的前期，面糊会膨胀长高，并且维持在一定高度、一段时间，接下来高度会回落，当回落到比最初入炉的面糊高度略高一点的时候，说明接近烤熟了，此时再烤上10分钟，蛋糕就彻底熟了。这个过程有点复杂，而且每个烤箱的性能不完全一样，还是需要大家不断尝试才行。

5.出炉后的戚风蛋糕应该马上翻转，放在烤网上或者晾架上彻底冷却，才能脱模。如果热的时候脱模，戚风的组织还没有完全长好，脱模刀的拉扯会把本来膨松的组织牵扯到一起，功亏一篑，所以大家一定要有点耐心。

Red Yeast Rice Chiffor Cake
红曲戚风

烘焙随笔

所谓的红曲戚风就是用红曲粉着色的戚风,看着颜色挺鲜艳。红曲粉由红曲米而来,算得上是纯天然的色素,跟人工合成的红色素相比使用起来安心得多,可以放心食用。这两年悄悄流行的烘焙原料有很多,人气最高的应该算是黄金芝士粉、红曲粉和竹炭粉了,用不常见的色彩来呈现常见的糕点,给人耳目一新、眼前一亮的感觉。吃厌了普通糕点的你,也来换换口味吧!

红曲粉 10g、橙汁 100mL、色拉油 60g、低筋面粉 100g、
鸡蛋 6 个（略大一些）、朗姆酒 1 小勺、
白砂糖 70g、盐 1/4 小勺、玉米淀粉 1 大勺、柠檬汁几滴

参考份量：8 寸中空戚风 1 个

Preparation Method

做法

♨ 将鸡蛋从冰箱取出，放至室温，用分蛋器将
蛋黄和蛋清分开，放一边备用。将蛋黄放在小
碗内，放蛋清的盆要确保干净，无油、无水。

♨ 另取一盆，倒入橙汁与色拉油，用打蛋器搅拌
充分，直至表面看不到面积较大的油花儿，一至
两分钟即可。

♨ 筛入低筋面粉和红
曲粉，略微搅拌，至看
不见干粉即可。

♨ 加入朗姆酒和蛋黄，充分搅拌，直至面糊光滑。将搅拌好的面糊放一边备用。

♨ 在蛋清中加几滴柠檬汁，先用电动打蛋器低速档将其打至起粗泡，一次性加入白砂糖、盐和玉米淀粉，再换成高速档打至硬性发泡，直到蛋盆倒过来蛋白也不会掉下来的程度，最后再换成低速档打一会儿，将大泡给消掉，整个过程持续8分钟左右。

♨ 取1/3的蛋白糊至蛋黄糊内，用橡皮刮刀将面糊从底部捞起，像炒菜那样地切拌均匀，为了防止消泡，绝对不能划圈搅拌。

♨ 将拌好的面糊再倒入那剩下的2/3蛋白糊中，同理切拌均匀，为了防止消泡，动作要尽量快。

♨ 将拌好的面糊倒入模具中，刮平表面，在模具的烟囱上也粘上一些面糊，有利于戚风蛋糕的爬升。

♨ 将烤箱预热至150℃，上下火，中下层，烘烤70分钟，上色后，加盖锡纸预防烤焦。

♨ 出炉后，摔两下，然后将戚风模倒扣，彻底放凉后再脱模。

♨ 切掉不平整的表面，装盒即可。

贴士

★ 红曲粉本身有淡淡的酸味，如果与清水或者牛奶搭配，味道依旧微酸。所以我在选择液体材料时用到了橙汁，橙汁的酸甜味很好地掩盖了红曲粉的味道。挑选橙汁时也要注意，只买那种配料成分为浓缩橙汁和水的，而不能用橙汁饮料代替。

★ 做戚风蛋糕时，我一般会选用个头稍大一些的蛋黄较少、蛋清较多的洋鸡蛋，土鸡蛋、笨鸡蛋不适合用来做戚风蛋糕。直接从冷藏室中拿出来的鸡蛋，不适宜马上使用，最好回温了再用，这样蛋清比较容易打发。

the Chiffon Cake of Tea With Milk
奶茶戚风

烘焙
随笔

　　在制作戚风的过程中，你最想了解的原理是什么？我猜猜，应该是蛋白的打发原理吧。为什么透明清澈的蛋白经过搅打能够变成雪白细腻的泡沫呢？主要原因在于蛋白的组成和白砂糖的使用。蛋白由两种主要的蛋白质组成，简单来说，球蛋白帮助空气进入蛋白产生泡沫，黏液蛋白使泡沫表面变性形成薄膜包裹住空气，白砂糖增加了泡沫表面的张力，使泡沫更细更稳定。虽然我们不喜欢过多的糖，但为了保证蛋白打发的效果，须保证糖的克数除以十，不能小于鸡蛋的个数哦！

红茶包两包、牛奶90mL、色拉油60g、低筋面粉100g、鸡蛋6个（略大一些）、朗姆酒1小勺、白砂糖70g、盐1/4小勺、玉米淀粉1大勺、柠檬汁几滴

参考份量：8寸中空戚风1个

将牛奶倒入盆中，剪开红茶包，将红茶末倒入牛奶中，浸泡15分钟备用。

将鸡蛋从冰箱取出，放至室温，用分蛋器将蛋黄和蛋清分开，放一边备用，蛋黄放在小碗内，放蛋清的盆要确保干净，无油、无水。

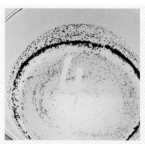

在浸泡奶茶的盆中倒入色拉油，用打蛋器搅拌充分，直至表面看不到面积较大的油花儿，一至两分钟即可。

♨ 筛入低筋面粉，略微搅拌，至看不见干粉即可。

♨ 加入朗姆酒和蛋黄，充分搅拌，直至面糊光滑。将搅拌好的面糊放一边备用。

♨ 在蛋清中加几滴柠檬汁，先用电动打蛋器低速档将其打至起粗泡，一次性加入白砂糖、盐和玉米淀粉，再换成高速档打至硬性发泡，直到蛋盆倒过来蛋白也不会掉下来的程度，最后再换成低速档打一会儿，将大泡消掉，整个过程持续8分钟左右。

♨ 取1/3的蛋白糊放至蛋黄糊内，用橡皮刀将面糊从底部捞起，像炒菜那样地切拌均匀，为了防止消泡，绝对不能划圈搅拌。

将拌好的面糊再倒入那剩下的2/3蛋白糊中，同理切拌均匀，为了防止消泡，动作要尽量快。

将拌好的面糊倒入模具中，刮平表面，在模具的烟囱上也粘上一些面糊，有利于戚风蛋糕的爬升。

将烤箱预热至150℃，上下火，中下层，烘烤70分钟，上色后，加盖锡纸预防烤焦。

出炉后，摔两下，然后将戚风模倒扣，彻底放凉后再脱模。

切掉不平整的表面，装盒即可。

贴士

★ 浸泡红茶末时可以不时地晃动打蛋盆，帮助红茶液尽快渗出，另外红茶末还有提味和美化蛋糕体的作用。但是也不排除有些朋友实在是不喜欢红茶末的，如果这样，可以将茶包直接浸入牛奶中，时间适当放长些，将泡出的奶茶液拿来使用。

Corn Flour With Cranberry Chiffon Cake
玉米蔓越莓戚风

烘焙
随笔

　　烘烤戚风蛋糕时，玉米粉的香味越过客厅飘进了卧室，久久不能散去，戚风蛋糕从未如此香过！玉米粉有别于玉米淀粉，是将玉米去除麸皮后磨成的粉，属于粗粮的一种，富含纤维素，能帮助人体保持肠胃健康。撇开中式的玉米馒头、玉米饼和玉米发糕不说，在西式烘焙中，玉米粉常见于饼干和面包中，用来做戚风的并不多见，尤其是搭配上舶来品"蔓越莓干"，从色彩到造型都充满火花。粗、细粮均有丰富的营养，搭配吃对健康有利。所以自从爱上了烘焙，我对种植业便十分向往，对农业科学更是无限敬畏。

Ingredients

材料

蔓越莓干80g、牛奶90mL、色拉油60g、低筋面粉50g、玉米粉50g、鸡蛋6个(略大一些)、朗姆酒1小勺、白砂糖70g、盐1/4小勺、玉米淀粉1大勺、柠檬汁几滴

参考份量:8寸中空戚风1个

Preparation Method

做法

☝ 将鸡蛋从冰箱取出,放至室温,用分蛋器将蛋黄和蛋清分开,放一边备用,蛋黄放在小碗内,放蛋清的盆要确保干净,无油、无水。

☝ 另取一盆,倒入牛奶与色拉油,用打蛋器搅拌充分,直至表面看不到面积较大的油花儿,一至二分钟即可。

☝ 筛入低筋面粉和玉米粉,略微搅拌,至看不见干粉即可。

☝ 将蔓越莓干事先用朗姆酒浸泡一夜,挤干水分备用。

♨ 加入朗姆酒和蛋黄，充分搅拌，直至面糊光滑，再加入蔓越莓干，搅拌均匀，将拌好的面糊放一边备用。

♨ 在蛋清中加几滴柠檬汁，先用电动打蛋器低速档将其打至起粗泡，一次性加入白砂糖、盐和玉米淀粉，再换成高速档打至硬性发泡，直到蛋盆倒过来蛋白也不会掉下来的程度，最后再换成低速档打一会儿，将大泡消掉，整个过程持续8分钟左右。

♨ 取1/3的蛋白糊至蛋黄糊内，用橡皮刀将面糊从底部捞起，像炒菜那样地切拌均匀，为了防止消泡，绝对不能划圈搅拌。

🔥 将拌好的面糊再倒入那剩下的2/3蛋白糊中，同理切拌均匀，为了防止消泡，动作要尽量快。

★ 玉米粉可以换成全麦粉。蔓越莓干可以换成其他果干，例如葡萄干、西红柿干等，事先都要用朗姆酒泡软。如果没有朗姆酒，也没有一夜的时间，可以直接用水，起码浸泡一个小时以上，风味虽然会稍差些，但浸泡可以使果干变软，与蛋糕体更加贴合。

🔥 将拌好的面糊倒入模具中，刮平表面，在模具的烟囱上也粘上一些面糊，有利于戚风蛋糕的爬升。

🔥 将烤箱预热至150℃，上下火，中下层，烘烤70分钟，上色后，加盖锡纸预防烤焦。

🔥 出炉后，摔两下，然后将戚风模倒扣，彻底放凉后再脱模。

🔥 切掉不平整的表面，装盒即可。

Matcha with Horey Bean Chiffon Cake
抹茶蜜豆戚风

烘焙随笔

番茄炒鸡蛋、皮蛋拌豆腐、土豆烧牛肉、虾皮炒葫芦,家常烹饪界有许多传承至今的固定菜例,说不清是习惯、口味还是经验,总之这些食材就应该被绑定在一起。记得曾经有朋友烧过虾皮花菜,也能吃,但心里是怎么都觉得别扭的,哈哈。说到绝配的食材,烘焙界也有不少,抹茶和蜜豆、奶酪和培根、苹果和肉桂、葡萄干和橙汁、咖啡和核桃、香草和巧克力豆等,想象一下这些组合带来的绝妙口感,是每个新手都不容错过的体验。烘焙就是这样,新手重复别人的经典,而高手创造自己的经典!

抹茶粉两大勺、水100mL、色拉油60g、低筋面粉100g、鸡蛋6个(略大一些)、
朗姆酒1小勺、白砂糖70g、盐1/4小勺、玉米淀粉1大勺、柠檬汁几滴、蜜豆150g

Preparation Method 做法

将蜜豆用清水洗一下,沥干水分备用。

♨ 将鸡蛋从冰箱取出,放至室温,用分蛋器将蛋黄和蛋清分开,放一边备用。将蛋黄放在小碗内,放蛋清的盆要确保干净,无油、无水。

♨ 另取一盆,倒入水与色拉油,用打蛋器搅拌充分,变成稀米汤的样子,一至两分钟即可。

♨ 筛入抹茶粉和低筋面粉,略微搅拌,至看不见干粉即可。

加入朗姆酒和蛋黄,充分搅拌,直至面糊光滑,将拌好的面糊放一边备用。

在蛋清中加几滴柠檬汁,先用电动打蛋器低速档将其打至起粗泡,一次性加入白砂糖、盐和玉米淀粉,再换成高速档打至硬性发泡,直到蛋盆倒过来蛋白也不会掉下来的程度,最后再换成低速档打一会儿,将大泡消掉,整个过程持续8分钟左右。

取1/3的蛋白糊至蛋黄糊内,用橡皮刀将面糊从底部捞起,像炒菜那样地切拌均匀,为了防止消泡,绝对不能划圈搅拌。

将拌好的面糊再倒入那剩下的2/3蛋白糊中,同理切拌均匀,为了防止消泡,动作要尽量快。

♨ 将拌好的面糊的1/3倒入模具中,撒上一半的蜜豆,再盖上1/3的面糊,再撒上另一半的蜜豆,再倒上剩下的全部面糊,将面糊表面刮平,在模具的烟囱上也粘上一些面糊,有利于戚风蛋糕的爬升。

♨ 将烤箱预热至150℃,上下火,中下层,烘烤70分钟,上色后,加盖锡纸预防烤焦。

♨ 出炉后,摔两下,然后将戚风模倒扣,彻底放凉后再脱模。

♨ 切掉不平整的表面,装盒即可。

贴士

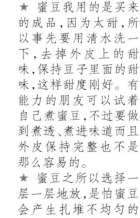

★ 蜜豆我用的是买来的成品,因为太甜,所以事先要用清水洗一下,去掉外皮上的甜味,保持豆子里面的甜味,这样甜度刚好。有能力的朋友可以试着自己煮蜜豆,不过要做到煮透、煮进味道而且外皮保持完整也不是那么容易的。

★ 蜜豆之所以选择一层一层地放,是怕蜜豆会产生扎堆不均匀的情况,烤的时候容易沉底,破坏糕点的品相。

Sporge Cake with Egg
全蛋海绵纸杯蛋糕

烘焙
随笔

　　全蛋海绵蛋糕、分蛋海绵蛋糕和戚风蛋糕的做法略有不同,如果用数学公式表示,区别一目了然。全蛋海绵蛋糕=(鸡蛋+糖)打发+粉+(牛奶+色拉油),分蛋海绵蛋糕=(蛋清+糖)打发+(蛋黄+糖)打发+粉+(牛奶+色拉油),戚风蛋糕=牛奶+色拉油+粉+蛋黄+(蛋清+糖)打发。各种打发都有难度,但以全蛋打发的难度最高,很多人做不好海绵蛋糕,筛入低筋面粉就消泡,究其原因,还是全蛋打发技术掌握得不好。全蛋打发时,因为蛋黄含有油脂,所以在速度上不如蛋白打发得那么快,打发之前必要的一个步骤是先将蛋液隔水加温至40℃左右,边加热边将鸡蛋与糖搅拌均匀,手指蘸取少量蛋液感到微烫为宜,这样做的目的是降低蛋黄的稠度,加速全蛋的起泡性。整个打发的过程,蛋盆都需要坐在一盆热水上保持温度,电动打蛋器调到最快速,蛋液由黄变白,泡沫由粗大变细腻,体积由小变大,直到蛋液呈乳白色,泡沫达到均匀细致、光滑稳定的状态,打蛋器头上的蛋液滴落后能形成小堆堆,久不消散,打发才算完成。以四个鸡蛋为例,全蛋打发的过程持续10分钟,那些分不清楚状态的同学们,就以时间为参考吧!

低筋面粉 140g、色拉油 30g、牛奶 30mL、鸡蛋 4 个、
白砂糖 80g、盐 1/2 小勺

参考份量：大号纸杯6个

👋 将鸡蛋磕入盆中，加
入白砂糖和盐，打散。

👋 连盆带蛋放入锅里，
隔水加热到40℃左右，
关火，边加热边搅拌。

👋 将加热好的蛋盆取出，底部另坐一盆热水，用电
动打蛋器最高速打发全蛋，过程中可明显看到泡
沫由粗到细的变化，打至打蛋器头上的蛋液甩下
来后，能在表面形成堆堆状，且不会消失为止，全
程持续10分钟左右。

👋 分三次加入过筛
后的低筋面粉，用橡
皮刮刀将面糊从底部
兜起，刮拌成均匀的
面糊。

♨ 将色拉油和牛奶事先拌匀,再加入1/3的面糊,快速刮拌均匀,再倒回剩下的2/3的面糊中,快速刮拌均匀。

♨ 将面糊装入事先摆好的纸杯内,九分满。

♨ 将烤箱预热至150℃,上下火,中下层,烘烤25分钟即可,上色后及时加盖锡纸。

贴士

★ 蛋液隔水加热时,如家中没有指针式温度计,可以用手指蘸取少量蛋液尝下,如果感觉微烫,就可以关火。打发时,蛋盆下面坐一盆温度相对低一些的热水,不要用刚才隔水加热剩下的滚水,因为全蛋打发时蛋液温度超过60℃的话,也会影响到全蛋的打发效果。

Original Cake Roll
原味蛋糕卷

烘焙随笔

同样的配方,同样的蛋糕体做法,做成蛋糕卷就是比做成普通蛋糕要好吃,经过我的试验,这话绝对真实不虚。常见的分蛋海绵蛋糕体,做成纸杯蛋糕时,平淡无奇,但是如果换个形式做成蛋糕卷,连嘴刁的我都无法抵挡它的美味。制作蛋糕卷通常由三步组成,制作蛋糕体、制作夹心馅和卷蛋糕。其注意事项有一堆,总结来说就是:烤盘要事先铺纸;烤箱要提前预热,不要让面糊久等消泡;烤好的蛋糕体应立刻脱离烤盘,并拉开油纸散热;趁热撕去油纸;待蛋糕体彻底凉透后再抹夹心馅,防止夹心馅接触温热的蛋糕体而融化;将卷好的蛋糕放入冰箱冷藏、定型至少一小时。在未接触蛋糕卷时,我一直认为制作它们很难,可通过一段时间的琢磨,发现事实并非如此,只要掌握了蛋糕卷三部曲,美味又多变的蛋糕卷就能手到擒来。

Ingredients

材料

鸡蛋5个、无盐黄油40g、白砂糖95g、低筋面粉55g、
柠檬汁几滴

夹心馅：动物性鲜奶油150g、白砂糖20g

参考份量：28cm×28cm烤盘1盘

Preparation Method

做法

♨ 将无盐黄油隔水融化
备用。

♨ 用分蛋器将蛋黄和蛋清分开，放蛋清的盆要确保干
净，无油、无水。在蛋黄中加20g白砂糖，快速打发至
颜色发白的浓稠状。

♨ 在蛋清加几滴柠檬汁，
先用电动打蛋器低速档将
其打至起粗泡，一次性加
入剩下的75g白砂糖，换
高速档打至硬性发泡，直
到蛋盆倒过来蛋白也不会
掉下来的程度，最后再换
成低速档打一会儿，将大
泡消掉拌均匀。

♨ 取1/3的蛋白糊放至
蛋黄糊内，用橡皮刮刀
切拌均匀。

♨ 在拌好的面糊中再倒
入剩下的2/3的蛋白糊
中，用橡皮刮刀切拌均匀。

♨ 分三次加入过筛的低筋面粉，用橡皮刮刀刮拌均匀。

♨ 取少量拌好的面糊加入融化的黄油中拌匀，再倒回原来的面糊中，用橡皮刮刀刮拌均匀。

♨ 将制作好的面糊倒入铺了油纸的烤盘中，刮平表面，剩余的面糊可以做成纸杯蛋糕。

♨ 将烤箱预热至175℃，上下火，中层，烘烤12分钟。

♨ 烤好的蛋糕体应立刻从烤盘中取出，放置于烤网上，并撕开四周的油纸散热。

♨ 5分钟后，另取一张油纸铺在蛋糕体上，捏住一端提起蛋糕体，翻面后放在桌上，将与蛋糕体粘连的那张油纸撕去。

♨ 将动物性鲜奶油加白砂糖打发至硬性发泡的状态备用。

♨ 将彻底放凉的蛋糕体一侧用刀切成斜坡状，在斜坡外的蛋糕体上均匀地涂抹打发的鲜奶油，并从另一侧卷成蛋糕卷。

♨ 将卷好的蛋糕卷用油纸包起，放入冰箱冷藏1小时定型。

♨ 将冷藏好的蛋糕卷切掉两头的不规则处，蛋糕卷的成品就做好了。

贴士

★ 与蛋糕体粘连的油纸一定要趁热撕去，等蛋糕体彻底放凉后就比较难操作了，容易把蛋糕体撕破。

Brownies with Chococlate
巧克力布朗尼

　　做过了巧克力布朗尼,突然很感慨,发现其实越高级的甜品做法越简单,就像布朗尼,只是这么拌拌,却得到了如此口感绵密、香气浓郁的美味。当然了,这其中巧克力功不可没,加了大量苦甜巧克力的甜品通常都很好吃。关于布朗尼的由来有个有趣的故事,据说是一个黑人老妈妈在厨房烘焙巧克力蛋糕时,忘记将黄油事先打发而意外做出了失败的作品,这块原本要被丢掉的蛋糕幸亏得到老妈妈的品尝才得以保留,布朗尼蛋糕这个"意外的失败"就这么成为了美国家庭中最具代表性的蛋糕。除巧克力布朗尼外,布朗尼蛋糕无论在外形上还是配料上都是很随性的,一百个人可能会添加一百种不同的配料,做出一百种不同口味的布朗尼来。成品的形状可以是小圆形,也可以是小方块,也可以是小尖角。

生核桃仁100g、无盐黄油90g、黑巧克力120g、
红糖70g、鸡蛋两个、低筋面粉75g、白兰地10mL、
泡打粉1小勺、牛奶30mL

参考份量:小号纸杯9个

♨ 将生核桃仁用清水冲洗一下,排在烤盘上,用预热至150℃的烤箱烘烤10分钟,再用剪刀剪成小块备用。

♨ 将无盐黄油和黑巧克力放入盆中,隔水融化成液体,关火,将盆从热水中端出。

♨ 加入红糖,搅拌至红糖溶解。

♨ 将鸡蛋事先在小碗内打散,一次性加入巧克力溶液中,搅拌均匀。

♨ 加入过筛的低筋面粉和泡打粉,搅拌均匀。

♨ 加入白兰地和牛奶,搅拌均匀。

〰 加入3/4的核桃碎，搅拌均匀。

贴士

〰 用勺子将巧克力糊装入纸杯中，九分满，并撒上先前剩下的1/4的核桃碎。

〰 将烤箱预热至180℃，上下火，中下层，烘烤20分钟即可。

★ 如遇红糖结块的情况，请事先捏碎了再使用。

★ 如不想做成纸杯状的布朗尼，也可将面糊直接倒入铺了油纸的圆形或方形的大蛋糕模具内，烤好之后切块食用。

Original Cheesecake

原味轻芝士蛋糕

烘焙随笔

　　芝士蛋糕是烘焙家族中不可或缺的一位重要成员。它的地位颇似中国八大菜系中的川菜,走到哪里火到哪里,无论是经典的还是改良的,总有拥趸无数。芝士又称奶酪或者乳酪,制作芝士蛋糕会用到奶油奶酪,但是面对超市中的众多奶酪,烘焙新手们难免犯糊涂,不知该买哪个才对,当初我也犯过这种迷糊,可是随着烘焙的深入,奶酪们便一目了然了。日常超市中能够买到的烘焙中常用的奶酪有三种,总是块状的奶油奶酪(cream cheese),可以片状偶尔也有块状的切达芝士(cheddar cheese),一直是粉末状的帕玛森芝士粉(parmesan cheese powder),记住英文名是区别这些奶酪最实用的方法。同时,它们的用途也不尽相同,奶油奶酪除用于制作芝士蛋糕外,还能做马芬、吐司,甚至代替马斯卡彭奶酪做提拉米苏。切达芝士的即食性决定了它作为三明治和汉堡夹心的不二地位。帕玛森芝士粉则多用于制作饼干。在国外,在生活的每一个角落都可以见到各式奶酪,而当芝士蛋糕的香味漂洋过海的时候,这款充满异域风情的蛋糕在家中也能完美呈现,感觉棒极了!

鸡蛋5个、低筋面粉20g、玉米淀粉20g、奶油奶酪200g、动物性淡奶油60g、
牛奶120mL、白砂糖70g、盐1/4小勺、白醋几滴

表面装饰：杏子果酱两茶匙、温水两茶匙

参考份量：8寸圆模1个

🖐 剪一张同等大小的锡纸垫在模具底部，留两个小尖角，方便脱模。

🖐 将鸡蛋事先从冰箱取出回温，回温后用分蛋器将蛋黄与蛋清分离备用。

🖐 将奶油奶酪、牛奶和鲜奶油一起隔水融化成无颗粒状态，边融化边搅拌。

🖐 将融化好的奶酪糊分次加入蛋黄，一个打匀了再加入下一个。

做法

♨ 倒入过筛的低筋面粉和玉米淀粉，搅拌均匀，不要划圈拌，用打蛋器戳拌。

♨ 在蛋清中加几滴白醋，用电动打蛋器打至起粗泡，一次性加入所有白砂糖和盐，打至硬性发泡。

♨ 取1/3的蛋白糊加入奶酪糊内，用橡皮刮刀刮拌均匀，然后再反倒入剩余的蛋白糊内，刮拌均匀，做法类似戚风蛋糕。

♨ 将拌好的蛋糕糊倒入模具内，刮平表面。

♨ 在烤箱中下层放一烤盘的热水，然后预热至175℃，中层，上下火，烘烤1小时很容易上色的，要注意观察，等盖上了锡纸，基本可以不管。

♨ 蛋糕出炉后放在烤网上晾凉，刷上两茶匙杏子果酱跟两茶匙水兑的果胶，盖上保鲜膜放入冰箱冷藏，第二天取出脱模，即可食用。记住！蛋糕要冰过了才好吃哦。

贴士

★ 奶油奶酪一般情况下须冷藏保存，一个月之内使用为宜。如果一口气买太多，用不完，只能冷冻了。冷冻的话，奶油奶酪会水油分离，再次解冻使用会有颗粒感。如果遇到类似情况，可以将奶油奶酪隔水软化，水油分离的情况能得到一些改善，不过要得到彻底光滑的奶酪糊已经没有可能了。

★ 芝士蛋糕都采用水浴法烘烤，目的是增加蛋糕的水分、防止开裂。具体做法就是在烤盘上放热水，上层烤网上放蛋糕，不要把蛋糕模具直接放水里哦！另外，热水多放些，水少的话怕中途烤干产生安全隐患。

Marble Cake of Cheese

大理石重芝士蛋糕

烘焙随笔

　　芝士蛋糕根据成分中所含奶油奶酪的多少,分为重芝士蛋糕、中芝士蛋糕和轻芝士蛋糕。轻芝士淡雅,中芝士香醇,重芝士浑厚,各有风味。以6寸圆形芝士蛋糕为例,奶油奶酪200g的为重芝士,150g的为中芝士。100g的为轻芝士,粉类的含量就恰好相反。重芝士蛋糕几乎不含什么粉。烘焙的人都知道,高品质的奶油奶酪和动物性淡奶油造就了芝士蛋糕不菲的身价,可是自制的芝士蛋糕相对外卖的来说,绝对谈不上不菲,而是平价到不行。100%的奶油奶酪、100%的动物性鲜奶油、100%的进口消化饼底,是任何工业生产不能企及的纯度,更别提自家烘焙带来的安全感和成就感了。在乳制品领衔物价上涨的今天,在成本更低廉的植物性奶油泛滥的今天,在芝士蛋糕中粉类越来越多、奶油奶酪越来越少的今天,动手做一个芝士蛋糕,确实不失为一个好的选择!

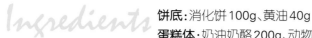

饼底:消化饼100g、黄油40g

蛋糕体:奶油奶酪200g、动物性淡奶油200g、
白砂糖1大勺、玉米淀粉1大勺、鸡蛋两个、巧克力酱适量

参考份量:6寸圆模1个

材料

做法

♨ 剪一张同活底圆模的底部大小相等的锡纸垫在模具底部,留两个小尖角,方便脱模。

♨ 将消化饼用擀面杖压成饼干屑。将黄油隔水融化成液体。

♨ 将融化好的黄油倒入饼干屑中,用汤匙搅拌均匀。

♨ 将拌好的饼干屑倒入模具内,用汤匙压平整,放入冰箱冷藏30分钟。

♨ 将奶油奶酪隔水软化后,加入白砂糖,用打蛋器搅拌均匀。

♨ 加入鸡蛋,打散后搅拌均匀,一次一个。

♨ 加入玉米淀粉,搅拌均匀。

🖐 加入淡奶油,搅拌成均匀的奶酪糊。

🖐 将奶油糊倒入模具中,用巧克力酱画出大理石花纹。

🖐 将烤箱预热至165℃,
上下火,中层,用水浴法
烘烤50分钟,最后15分
钟可以加盖锡纸。

🖐 将出炉的芝士蛋糕放
在烤网上晾凉,盖上保鲜
膜入冰箱冷藏一夜,第二
天取出脱模即可食用。

★ 芝士蛋糕的脱模好坏
直接关乎成品的卖相,是
不能忽视的一道重要工
序。将冷藏的蛋糕取出,
放在一个口径小于蛋糕
底不带把手的杯罐上,用
吹风机沿着模具四周吹
大约一分半钟(具体视
边缘的蛋糕体融化的程
度而定,夏天时间可以
短一些),然后双手按住
模具边缘,用力往下按,
四周模具即可脱下,底
部模具可以用手提住事
先留下的小尖角,将蛋
糕彻底脱离。整个过程
需要极度耐心。

★ 芝士蛋糕的切法也很
有讲究。为了切出平整
光滑的蛋糕,要事先将刀
具擦干净,淋几秒钟滚
水,甩干后自上而下切入
蛋糕,一次性切到底后将
刀从侧面拉出,再重复以
上操作。千万不能来回
拉扯!刀的热度既能将
切口处的芝士融化,又保
持了下切的顺畅,也维持
了蛋糕体的完整。

Tiramisu for Lazy People

懒人提拉米苏

"提拉米苏",英文名Tiramisu,是无数人心目中至高无上的浪漫甜品。相传在意大利,一位新婚不久的士兵即将奔赴战场。因为家里一贫如洗,爱人只好胡乱地将家里仅剩的一点食物做成粗陋的点心,让丈夫带走。食物虽然简单,却甘香馥郁,满怀着深深的爱意。征战在外的无数个夜晚,每当这名士兵想起这个糕点,就会想起他的家,想起等他的爱人,也是这份期盼让他战胜了战争的残酷和寂寞,让他平安地回到家中。所以,传说中的提拉米苏是一款属于爱情的甜品,吃到它的人会听到爱神的召唤,体会爱情甜中带苦的滋味。地道的提拉米苏由三种重要食材组成,分别是马斯卡彭奶酪、咖啡酒糖液与手指饼干,浸润在咖啡酒糖液中的手指饼干包裹着丝滑的芝士奶油,再配上厚厚的可可粉,甜蜜中带着丝丝苦涩。家庭自制的提拉米苏不会这么考究,用奶油奶酪代替昂贵的马斯卡彭芝士,用巧克力酱代替咖啡酒糖液,苦味不足,鲜甜有余,少些叛逆,多些协调,算是我对提拉米苏的一种解读吧。

奶油奶酪200g、动物性鲜奶油200g、吉利丁片两片、蛋黄两个、白砂糖30g、手指饼干8条、巧克力酱少许

表面装饰：可可粉适量

参考份量：8寸方形慕斯圈1个或中号保鲜盒1个

在容器底部铺上4条手指饼干，并来回挤上巧克力酱，放一边备用。

用分蛋器分离出蛋黄，加入白砂糖用打蛋器快速打发至颜色略发白，体积略增大。

将奶油奶酪隔水融化成无颗粒状态，边融化边搅拌。

将融化好的奶油奶酪倒入打发好的蛋黄糊中，搅拌均匀。

将吉利丁片先放入冷水中泡软，再隔水融化成液体，倒入5中，搅拌均匀。

☺ 将鲜奶油用电动打蛋器快速打至九分发(表面能看到清晰的纹路,并长时间不消散的状态),加入6中,搅拌均匀。

☺ 将1/2的奶酪糊倒入容器中,完全覆盖手指饼干,再铺上剩下的4条手指饼干,并来回挤上巧克力酱。
☺ 将剩下的1/2的奶酪糊倒入容器中,完全覆盖手指饼干,并刮平表面,套保鲜袋,放入冰箱冷藏过夜,使其凝固。
☺ 将凝固好的提拉米苏从冰箱中取出,并均匀地筛上一层可可粉即可食用。

贴士

★ 提拉米苏冬天和夏天操作起来都有难点。冬天由于气温太低,吉利丁片容易凝固,拌好的奶酪糊会立刻冻住,操作时应在盆下垫一盆热水,保持奶酪糊一定的流动性。夏天由于气温太高,奶酪糊非常稀薄,如果直接倒入容器内,手指饼干会上浮,操作时应该将搅拌好的奶酪糊放入冰箱冷藏一段时间,待奶酪糊流动性变小以后再使用。

★ 如果用8寸方形慕斯圈的话,要先在模具下方包上一张锡纸,再进行后续操作,提拉米苏凝固后,可参考重芝士蛋糕的吹风机脱模方式。嫌麻烦的同学,可以像我一样,用玻璃的保鲜盒,不用脱模,看起来也美观大方。

chapter four 第四章

香甜回味

面包的诱惑物语

Sweet Aftertaste
the Temptation of Bread

蜂蜜豆沙小餐包

Bread with Honey and Sweetened Bean Paste

烘焙随笔

　　没有做过面包的人永远无法体会自学做面包的辛酸,这绝对不止面团里放点酵母然后发起来那么简单。回想起2008年,那时我刚进入烘焙界大半年,终于觉得有点信心可以挑战下做自己最喜欢吃的面包了,于是购置了面包机,还买了整整一斤酵母决定大干一场,结果是悲剧的,教训是惨痛的,遇到的问题是两个手都没法数过来的。我找了资料请教了高手,渐渐地,我知道了酵母不能一口气买太多,因为会失活;我知道了低粉和高粉搭配出来的面团更加柔软;我知道了加入面包的液体不能一次性都加完,因为面粉的吸水量随着品牌的不同各不一样,甚至同一品牌的面粉随着季节的变化也不一样。我的揉面技术越来越好,失败次数越来越少,成品卖相越来越惊艳,这个改进的过程一直持续到现在。面团发不起来,成品硬得像石头,成品组织像发糕,如果你也在经历这些问题,请不要灰心,坚韧如我,每个烘焙高手都有当菜鸟的时候,完美面包是需要时间才能炼成的!

主材:高筋面粉250g、白砂糖10g、盐5g、蜂蜜25g、干酵母4g、全蛋液25g、鲜奶油25g、水120mL、无盐黄油15g

内馅:红豆沙180g

表面装饰:全蛋液适量、黑芝麻适量

参考份量:9个

♨ 将主材中除黄油外的所有材料放入搅拌机内搅拌，待面团出筋后加入无盐黄油，将面团揉至扩展状态。

♨ 将揉好的面团从缸内取出，滚圆后放入盆内，盖保鲜膜放温暖湿润处进行基础发酵1小时，大约发至原来的2.5~3倍大即可。

♨ 将发好的面团从盆内取出，排出空气，平均分割成9份，滚圆后盖保鲜膜进行中间发酵15分钟。

🔥 取1份面团，压扁，用擀面杖擀成圆饼状，翻面后包入20g红豆沙，整齐地排在烤盘上。

🔥 将整好形的面团放入烤箱进行最后一次发酵，大约40分钟，发至两倍大即可。将发好的面团取出后，表面刷上全蛋液，并在中心撒上黑芝麻。

🔥 将烤箱预热至180℃，上下火，中层，烘烤18分钟，上色后及时加盖锡纸。

🔥 将烤好的面包放在烤网上晾至手温，装入保鲜袋，凉透了再食用。

贴士

★ 买来的红豆沙比较软，为了方便操作，可以事先将其冷藏一下。红豆沙可用其他口味的馅料代替。

★ 加了蜂蜜的面团偏软、偏粘手，如果实在操作不了，可以减少水量。

★ 如果担心面团放在烤盘上发酵会横向发展长不高，以致影响造型的话，可以将其放在大号纸杯或面包托里进行发酵。

枣泥花瓣面包
Jujube Paste Bread by Petal-type

烘焙随笔

自从做上了面包,曾经无数次很猥琐地去各种面包店偷师看造型,超市、专卖店无一放过。最专注的一次,脸贴着玻璃看面包师傅操作了整整一下午,眼睁睁地看着师傅将面包卷越切越小,师傅也紧张了,受不了粉丝的围观呀!从最初的"哇……"到后来的"哦……"到最近的"切……",进步是显而易见的。总结了一下,面包整形其实不像想象中那么困难和高深。面包店中的面包造型并不是遥不可及的。以这款枣泥花瓣面包为例,简单的八刀,就幻化出十分惊艳的成品,随着刀口的深浅,效果还不一样,是不是很神奇呢?建议初学者从圆形和橄榄形入手,还可以利用各类纸托、模具配合造型,找找感觉,等熟练后再做花式面包。常见的花式面包有花瓣形、花环形、打结形、扭扭形、辫子形、眼镜形、牛角形、三角形、山形、心形等,正所谓"面包山有路勤为径,造型海无涯苦作舟"。面包啊,我们永远在学习的路上!

主材：高筋面粉267g、低筋面粉27g、糖33g、
盐1/4小勺、鸡蛋60g、奶粉两大勺、牛奶150mL、黄油26g
内馅：枣泥200g
表面装饰：全蛋液适量、白芝麻适量
参考份量：8个

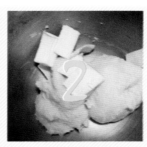

♨ 将除黄油外的所有主材放入搅拌机内，待面团出
筋后加入黄油，将面团揉至扩展状态。

♨ 将揉好的面团从缸内取出，滚圆后放入盆
内，盖保鲜膜放温暖湿润处进行基础发酵1小
时，大约发至2.5~3倍大即可。

♨ 将发好的面团从盆
内取出，排出空气，平均
分割成8份，每份大约
70g，滚圆后盖保鲜膜进
行中间发酵15分钟。

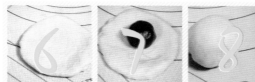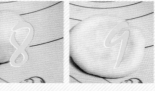

取1份面团，压扁，用擀面杖擀成圆饼状，翻面后包入25g枣泥，收紧口，再次滚圆，收口朝下压成圆饼，在圆饼的四周等距剪出8个口子，每个口子大约1cm深，整齐地排在烤盘上。

将整好形的面团入烤箱进行最后一次发酵，大约40分钟，发至两倍大即可。

将发好的面团取出后，表面刷上全蛋液，并在中心撒上白芝麻。

将烤箱预热至180℃，上下火，中层，烘烤18分钟，上色后及时加盖锡纸。

将烤好的面包放在烤网上晾至手温，装入保鲜袋，凉透了再食用。

Baking Tips

贴士

★ 剪口子的时候先上下左右各来1剪，把面团平均分为4等份，然后再剪剩下的4个口子，刀口的深度可以自行控制，剪到枣泥馅不要紧，不会流出来。刀口深浅不同，出来的造型会有所不同。

Milk and corn Bread
牛奶玉米面包

烘焙
随笔

　　饼干和蛋糕相比,将面包成功地制作出来,这无疑更加困难。揉面、发酵、整形,每一步对于新手来说都很有挑战。我人生的第一款面包是肉松包,那时候还没有采购面包机或搅拌机,于是徒手揉面,结果可想而知,面团太湿就加粉加到不湿为止,发酵更是一丁点儿都没发起来,最后居然还有人觉得好吃,简直不可思议。作为制作面包中的重要步骤,揉面是很有讲究的。每个品牌的高筋粉吸水度都不同,并且随着地域和气候的变化而变化。所以一个再成功的面包配方,里面的液体量绝对不能照搬照用,一定要视实际操作中面团的吸水量而定。为避免面团过湿,保险的做法是先放入配方量80%的液体,剩下的20%根据需要再添加。一般来说,我们揉面都采用后油法,等面团揉至光滑出筋,能撑开粗糙的薄膜时,加入黄油,揉至扩展阶段或完全扩展阶段会比较快。如果面团还未揉到位就加入黄油的话,不仅不利于出筋,达到扩展阶段的时间也会比较长。

高筋面粉300g、白砂糖50g、盐1/4小勺、全蛋液50g、
干酵母4.5g、牛奶145mL、无盐黄油20g

馅料：甜玉米（罐装）120g

表面装饰：全蛋液适量、色拉酱适量

参考份量：8个

♨ 将甜玉米沥干水
分备用。

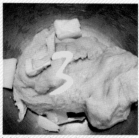

♨ 将主材料中除无盐黄油外的全部材料放入搅
拌机，揉至面团出筋后加入黄油，揉至扩展状态。

♨ 将揉好的面团从搅拌机内取出，滚圆后盖
上保鲜膜，放温暖湿润处进行第一次发酵，时
间为1小时，发至2.5~3倍大即可。

♨ 将发好的面团排气，均
匀地分割成68g重的小面
团8个，滚圆后盖保鲜膜
进行中间发酵15分钟。

♨ 取1个小面团,擀成椭圆形的面片,翻面后铺上15g甜玉米,卷成橄榄形,并封好口,整齐地排在烤盘上。

♨ 将面团放入烤箱内进行最后一次发酵,时间为40分钟,发至两倍大即可。

♨ 在发好的面团表面刷全蛋液,并用色拉酱画出花纹。

♨ 将烤箱预热至180℃,上下火,中层,烘烤18分钟即可。

Baking Tips

贴士

★ 包玉米粒时,收口一定要收紧,避免最后一次发酵的时候收口绷开,玉米粒掉出来。

Yogurt Roll with Peanut Butter
酸奶花生卷

烘焙随笔

　　很多人喜欢把什么都放入冰箱冷藏保存,对于手工面包来说,这一步就大错特错了。面包的品尝和保存有其独到的特点,请听我慢慢道来。刚出炉的面包最好不要食用,此时酵母还在发生作用,面包内充满了热乎乎的气体,组织并未完全长好,不仅味道不好,多吃还伤胃。等面包冷却至40℃以下时再品尝,此时面包的质地、香味和口感都恰到好处,这才是最佳的品尝时机。和饼干不同,面包最怕的是水分流失,组织变硬,为了确保面包的新鲜度,冷却好的面包最好立刻包装,千万不要冷藏,冰箱的冷藏柜会损失面包的水分,哪怕是包装了再冷藏也不行。自家制作的面包不加任何改良剂,所以新鲜的面包最好室温保存,并分两天吃完,如果实在吃不完可以在出炉冷却后冷冻,要吃的时候再低温满烤回温,丝毫不损失面包的品质。

材料

酸奶70g、高筋面粉260g、白砂糖30g、盐1/2小勺、干酵母4.5g、全蛋液50g、水70mL、黄油25g

夹心馅:花生酱162g

表面装饰:全蛋液适量、花生碎适量

参考份量:9个

做法

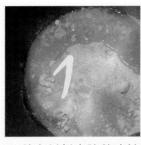

♨ 将主材料中除黄油外的全部材料放入搅拌机,揉至面团出筋后加入黄油,揉至扩展状态。

♨ 将揉好的面团从搅拌机内取出,滚圆后盖上保鲜膜,放在温暖湿润处进行第一次发酵,时间为1小时,发至原来的2~2.5倍大即可。

♨ 将发好的面团排气,均匀地分割成9个小面团,滚圆后盖保鲜膜进行中间发酵15分钟。

♨ 取1个小面团,用擀面杖擀成圆形的面片,翻面后包入约18g花生酱,收紧口,封口朝下,擀成椭圆形,翻面后对折,用刮拌切出四个口子,头上不要切断,再次拉开,双手拉住两头,将面团扭起来打个结,放入纸模中,整齐地排在烤盘上。

♨ 将面团放入烤箱内进行最后一次发酵,时间为40分钟,发至两倍大即可。

♨ 在发好的面团表面刷全蛋液,并撒上少量花生碎装饰。

♨ 将烤箱预热至180℃,上下火,中层,烘烤15分钟即可。

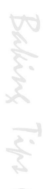

Baking Tips

贴士

★ 将包了花生酱的面团擀开时,面团很容易爆裂,要仔细操作,尽量避免将花生酱挤出。

Cheese Bread with Purple Sweet Potato
奶酪紫薯小排包

发酵这步做得好绝对给人信心，看着面团一点点地长大，心里也是一点点地踏实起来。成功的发酵是做好面包的关键，因为它决定了面包口感的松软度。面包一般会经过三次发酵，第一次发酵叫基础发酵，温度为28℃，湿度为78%，时间为1小时；第二次发酵叫中间发酵，其实不能算真正意义上的发酵，只是让排了气的面团松弛一下，为了更容易整形；第三次发酵就是最后发酵，温度为38℃，湿度为85%，时间为40~80分钟，视面包的品种而定。我通常用带有低温区的烤箱帮助发酵，将烤箱打到所需的温度，第一次发酵时给面团盖保鲜膜保持湿度，第三次发酵时在烤箱内放热水、放湿毛巾或喷水保持湿度，这样即使在冬天也能创造良好的发酵环境。同时，我们还应时刻注意干酵母的活性，失活的干酵母是无论如何也发不起面团的，所以家用干酵母最好买20g以下包装，即买即用，并且尽量在短时间内用完，时间一长，由于干酵母失活使制作面包失败的可能性就增大了。

高筋面粉260g、白砂糖35g、盐1/2小勺、全蛋液40g、干酵母4g、牛奶90mL、奶油奶酪70g、无盐黄油20g
馅料：紫薯馅200g
表面装饰：全蛋液适量、卡仕达酱适量
卡仕达酱的材料：蛋黄两个、白砂糖45g、牛奶250mL、低筋面粉30g

参考份量：边长20cm的方模1个

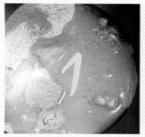

🔥 将主材料中除无盐黄油外的全部材料放入搅拌机，揉至面团出筋后加入无盐黄油，揉至扩展状态。

🔥 将揉好的面团从搅拌机内取出，滚圆后盖上保鲜膜，放温暖湿润处进行第一次发酵，时间为1小时，发至原来的2~2.5倍大即可。

🔥 将发好的面团排气，均匀地分割成9个小面团，滚圆后盖保鲜膜进行中间发酵15分钟。

🔥 取1个小面团，压扁后，擀成圆形的面片，翻面后包入约22g紫薯馅，收紧口，翻面后整齐地排入方模中，排成3×3的样式。

🔥 将放入方模的面团放入烤箱内进行最后一次发酵，时间为40分钟，发至面团长大一倍并两两相靠即可。

🔥 在发好的面团表面刷全蛋液，并用卡仕达酱画出交叉的十字花纹。
🔥 将烤箱预热至180℃，上下火，中层，烘烤18分钟即可。

卡仕达酱的做法

♨ 用分蛋器分出两个蛋黄,加入白砂糖,搅拌均匀。

♨ 一次性加入全部牛奶,搅拌均匀。

♨ 加入过筛的低筋面粉,搅拌均匀。

♨ 用小火加热,边加热边搅拌,直至面糊变得黏稠时离火。

♨ 盖上保鲜膜,放凉后装入裱花袋内即可。

贴士

★ 卡仕达酱在放凉过程中必须盖上保鲜膜,否则表皮会凝结起来,形成一层薄膜。用不完的卡仕达酱可装入保鲜袋冷藏密封保存,夏天的保存期限为3~4天,冬天的保存期限为7天。酱过期会变稀发酸。

★ 紫薯馅可根据喜好换成其他口味的馅料。

Golden Toast 黄金吐司

认识我的人都知道,我是吐司狂人,喜欢做各种各样的吐司:白吐司、牛奶吐司、抹茶蜜豆吐司、红糖吐司、酸奶吐司、奶酪吐司、咖啡吐司、地瓜吐司、椰蓉吐司、竹炭吐司、双色吐司、棋格吐司、蛋糕吐司、波特吐司、培根吐司等等,能想到的吐司种类用双手都数不过来。吐司的做法比较类似,因为有吐司盒的托付,造型容易控制。但做吐司对面团和发酵环节的要求较高,所以并不适合新手操作。一般的造型面包,面团只要揉至扩展阶段(面团表面光滑,取一小块面团用双手手指撑开呈略透明薄膜的状态,用手指戳一个洞,洞的边缘成微锯齿状)即可,而吐司面团则要求揉至完全扩展阶段(面团表面光滑,取一小块面团用双手手指撑开能看到非常透明的大片薄膜的状态,用手指戳一个洞,洞的边缘十分光滑)。另外,吐司面团的发酵时间也比一般面包的发酵时间要长,基本在60~80分钟才能达到所需的高度。吐司因其味道清淡所以很百搭,特别得到我的青睐。你是不是也会像我一样爱上吐司呢?

高筋面粉318g、鸡蛋1个、牛奶140mL、干酵母4g、白砂糖40g、黄金芝士粉20g、黄油40g

参考份量:450g吐司盒1个

 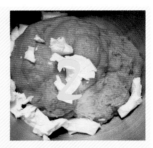

♨ 将除黄油外的所有材料放入搅拌机内,待面团出筋后加入黄油,将面团揉至完全扩展状态。

♨ 将揉好的面团从缸内取出,滚圆后放入盆内,盖保鲜膜放温暖湿润处进行基础发酵1小时,发至原来的2.5~3倍大即可。

♨ 将发好的面团从盆内取出,排出空气,平均分割成3份,滚圆后盖保鲜膜进行中间发酵15分钟。

♨ 取1份面团,压扁,用擀面杖擀成长方形,两边各向内折1/3,旋转90°后,擀长,卷成卷后排入吐司盒,此谓"三折法"。

♨ 将整好形的面团入烤箱进行最后一次发酵,发至八分满即可。

♨ 将烤箱预热至180℃,在面团表面喷少量水,盖上盖放入烤箱,上下火,最下层,烘烤30分钟。

♨ 将烤好的面包立即脱模,放在烤网上凉至手温,装入保鲜袋,凉透了再切片食用。

贴士

★ 如果家中没有黄金芝士粉,可用其他色彩鲜艳的粉代替,例如咖啡粉、可可粉、抹茶粉等,同样能做出彩色吐司。

Hokkaido Mild Toast
北海道牛奶吐司

烘焙
随笔

北海道牛奶吐司是个有故事的面包,可偏偏我不记得了。印象最深刻的还是朋友的那句话:"你觉得这个面包像不像我们小时候吃过的牛奶面包呀?"我真的记得! 小时候五毛钱一袋的牛奶面包,两块方方的面包背对背地装在塑料袋里,能拉出白白的丝,为了吃得快,经常把面包捏实了再吃,我甚至都能想起那个面包的味道,淡淡的香,面粉的香味,没有矫揉造作的香精,甚至都没有装饰,亦如这款北海道牛奶吐司。有时我会带着面包去上班,面包就放在脚边的袋子里,面粉的香气肆意地穿过袋子溢满我的办公室,有时候甚至还能"勾引"到同事。其实即使脱离了添加剂的帮助,面包也会那么香的,面粉会香得很纯粹、很天然、令人难忘,其实小时候的味道不需要怀念,可以相见的……

高筋面粉300g、低筋面粉35g、奶粉20g、白砂糖40g、盐4.5g、干酵母5g、全蛋液55g、鲜奶油75g、牛奶100mL

参考份量：450g吐司盒1个

♨ 将所有材料放入搅拌机内，将面团揉至完全扩展状态。

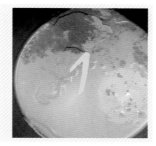

♨ 将揉好的面团从缸内取出，滚圆后放入盆内，盖保鲜膜放温暖湿润处进行基础发酵1小时，发至原来的2.5~3倍大即可。

♨ 将发好的面团从盆内取出，排出空气，平均分割成两份，滚圆后盖保鲜膜进行中间发酵15分钟。

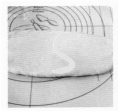

♨ 取1份面团,压扁,用擀面杖擀成长条形,卷成卷,旋转90° 后,再擀成长条形,卷成卷后排入吐司盒,此谓"二次擀卷法"。

♨ 将整好形的面团放入烤箱进行最后一次发酵,发至九分满即可。

♨ 将烤箱预热至180℃,在面团表面喷少量水后,放入烤箱,上下火,最下层,烘烤30分钟即可。

♨ 将烤好的面包立即脱模,放在烤网上凉至手温,装入保鲜袋,待凉透了再切片食用。

贴士

★ 北海道牛奶吐司完全不含油脂,美味健康,组织的拉丝效果尤其出众。但也因为没有黄油,揉面遇到了些困难。面团揉到完全扩展的状态需要的时间比较长,而且粘缸粘得厉害,要勤刮缸才行。如果是手工揉面的朋友,遇到的困难可能更大些,一定要耐心再耐心,总能揉出个不粘手的面团。

★ 千万不要将烤好的吐司直接焖在烤箱内过夜,烤箱的余温会使吐司严重脱水,造成塌陷。烤好的吐司应及时脱模,最好放在和桌面有一定距离的网架上,让空气流通起来,如此冷却效果会比较好。

Roof Shape Coconut Toast
屋顶椰蓉吐司

吐司的造型靠什么呀？吐司模呗。世界上有多少种吐司模呢？如果用横截面的形状来分，数不清。这些吐司模都贵吗？国产的不贵，进口的非常贵。作为"模具控"的我来说，吐司模收集得倒不多，大大小小加起来也就十一个，其中圆模一个、鹿背模一个，五角星模一个、梅花模一个、心形模一个，其余六个都是方模，大的小的而已。买模具也是个无底洞，视喜好程度和经济情况来定。一般来说，我会推荐买国产的高端模具，质量比便宜的模具好太多，价格比进口的模具便宜太多，性价比很高。但我也不反对痴迷烘焙的同学收集进口模具，进口模具的材质一般较好，尤其是日本的戚风模，那可是出了名儿的，同时进口模具的异型模比较多，样子千奇百怪，特别吸引眼球。

材料

高筋面粉360g、白砂糖40g、盐1/2小勺、干酵母6g、水220mL、无盐黄油30g

椰蓉馅的材料：蛋黄两个、糖粉30g、无盐黄油60g、奶粉4小勺、椰蓉100g

表面装饰：蛋清适量、椰蓉适量

参考份量：225g方形吐司盒两个和鹿背吐司盒1个

做法

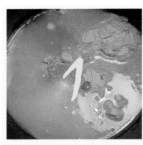

♨ 将主材料中除无盐黄油外的全部材料放入搅拌机，揉至面团出筋后加入无盐黄油，揉至扩展状态。

♨ 将揉好的面团从搅拌机内取出，滚圆后盖上保鲜膜，放温暖湿润处进行第一次发酵，时间为1小时，发至原来的2~2.5倍大即可。

♨ 将发好的面团排气，按照2:3:3的比例分割成3个小面团，分别用于鹿背模和方模，滚圆后盖保鲜膜进行中间发酵15分钟。

♨ 取1个小面团，压扁后，擀成长方形的薄面片，翻面后铺上适量椰蓉馅（椰蓉馅也按照2:3:3的比例分配使用），卷成卷，收紧口。

136

🔥 将整形好的椰蓉卷表面刷蛋清,并滚满椰蓉,放入吐司盒内。

🔥 放入烤箱内进行最后一次发酵,时间为1小时,发至九分满即可。

🔥 将烤箱预热至180℃,上下火,最下层,盖上盖烘烤30分钟。

椰蓉馅的做法

🔥 将无盐黄油室温软化,加入蛋黄和糖粉,搅拌均匀。

🔥 加入奶粉和椰蓉,用橡皮刮刀从不同方向刮拌成均匀的椰蓉馅即可。

Baking Tips

贴士

★ 面团包入椰蓉馅收口后,方形吐司模具中应收口朝下放,鹿背吐司模应收口朝上放。

Coffee Flavor Toast with Walnut
咖啡核桃吐司

　　"一日之计在于晨"，小时候，是否总有家长跟你叨叨早餐的重要性呢?"吃了早饭再去上学!""早饭吃得好，中饭吃得饱，晚饭吃得少!"回顾我的前半生，除了大学中欢快到无所顾忌的四年外，无论读书还是工作，早餐都是不可或缺的一顿，每天哪怕挤出十分钟，早餐定是要吃了的。不吃早餐其实坏处很多:早餐的缺失会让人在午饭时出现强烈的饥饿感，不知不觉吃下过多的食物。多余的能量就会转化为脂肪，时间一长，脂肪在皮下堆积导致肥胖! 对女生们来说，早餐的缺失导致上午的活动只能动用体内储存的糖元和蛋白质，久而久之加速衰老! 同时，不吃早餐还会影响胃酸和胆汁的分泌，减弱消化系统功能，诱发胃炎、胆结石等疾病! 核桃咖啡吐司的出现，为我们的早餐提供了一个很好的选择，咖啡提神，核桃健脑，再配上一杯牛奶，如此营养的早餐定能激活我们的身体，让一上午的工作和学习变得轻松愉快!

材料

高筋面粉 280g、白砂糖 35g、速溶咖啡粉 1 茶匙、咖啡伴侣 1 茶匙、盐 1/2 小勺、干酵母 1 小勺、鸡蛋 1 个、牛奶 100mL、生核桃碎 50g、黄油 25g

参考份量：225g 吐司盒两个

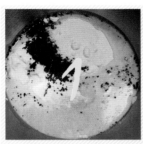

♨ 将除黄油、生核桃碎外的所有材料放入搅拌机内，待面团出筋后加入黄油，将面团揉至扩展状态。

做法

♨ 将揉好的面团从缸内取出，滚圆后放入盆内，盖保鲜膜放温暖湿润处进行基础发酵 1 小时，发至原来的 2.5 倍大即可。

♨ 将生核桃碎事先用 90℃烘烤 7~8 分钟，剪成小块备用。

♨ 将发好的面团从盆内取出，排出空气，平均分割成两份，滚圆后盖保鲜膜进行中间发酵 15 分钟。

♨ 取1份面团,压扁,用擀面杖擀成长方形,翻面后两边各向内折1/4,铺上一半核桃碎,卷成卷后排入吐司盒。

♨ 将整好形的面团入烤箱进行最后一次发酵,发至九分满。

♨ 将烤箱预热至180℃,在面团表面喷少量水后,放入烤箱,上下火,最下层,烘烤25分钟即可。

♨ 将烤好的面包立即脱模,放在烤网上凉至手温,装入保鲜袋,待凉透了再切片食用。

Baking Tips

贴士

★ 如果制作类似咖啡核桃吐司的山形吐司,最后一次发酵的高度可以发到九分满甚至与吐司模齐平;如果需要盖盖子做成方形吐司的话,应当在面团发到八分满或八分半满时结束发酵。

Rye Flavor Sandwich
黑麦三明治

烘焙
随笔

　　那天我去一家知名烘焙坊买三明治,走进去一看一盒三明治标价十八元,而且才薄薄的三个,肉痛荷包,于是悻悻地走了。回家我就自制了三明治,一边吃一边念叨着自己的神通广大。三明治,英文名sandwich,是一种典型的西方食品,跟热狗、汉堡一样都是快餐食品。相传在英国东南部一个名叫sandwich的小镇上,有一位酷爱玩纸牌的伯爵,他整天沉溺于纸牌游戏中,仆人们很难侍候他的饮食,便将一些菜肴、鸡蛋和腊肠夹在两片面包之间,让他边玩牌边吃饭,没想到伯爵见了这种食品大喜,并随口就把它称作"sandwich"。不久,三明治就传遍了整个英国,并风靡了欧洲大陆,后来又传到了美国。 如今的三明治品种已不再那么单一,大家可以随性地在面包片中间放上食材和酱料。我爱拿全麦类的三明治做早餐,快捷、美味又营养!

材料

高筋面粉260g、黑麦粉50g、白砂糖两大勺、
盐1/2小勺、奶粉3大勺、干酵母6g、全蛋液50g、
水120mL、黄油25g

馅料：圆形火腿片5片、切达芝士5片、色拉酱适量

参考份量：450g土司盒1个

做法

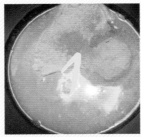

♨ 将主材料中除黄油外的全部材料放入搅拌机，揉
至面团出筋后加入黄油，揉至扩展状态。

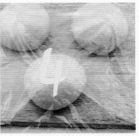

♨ 将揉好的面团从搅拌机内取出，滚圆后盖上保鲜膜，放温暖湿润处进行第一次发酵，时间为1小时，发至原来的2.5~3倍大即可。

♨ 将发好的面团排气，平均分割成3个小面团，滚圆后盖保鲜膜进行中间发酵15分钟。

♨ 取1个小面团，用"三折法"（参见黄金吐司的做法）整形，并整齐地排入土司盒内。

ꙮ 将面团放入烤箱内进行最后一次发酵,时间为80分钟,发至九分满即可。

ꙮ 将烤箱预热至180℃,上下火,最下层,盖上盖烘烤30分钟。

ꙮ 将烤好的吐司立刻脱模,在烤网上放凉后,用吐司切片器切成厚度一致的面包片。

ꙮ 按照面包片、色拉酱、火腿片、色拉酱、切达芝士片、色拉酱、面包片的顺序做好三明治,最后沿着对角线将面包切割成三角形即可。

Baking Tips

贴士

★ 三明治的内馅可根据口味随意变化成鸡蛋、培根、生菜等,最好现做现吃。

Pizza Bread 比萨面包 烘焙随笔

　　烘焙，homemade，意为在家制作糕点、咖啡和小食等等。我玩烘焙的时间还不算很长，可是对烘焙日新月异的发展却颇有感受，尤其是这两年，家庭烘焙的材料比以前好买了，可选择的品牌也多了，书店里的烘焙书一个月不去看就有新的了，各种品牌的模具都能代购得到了，更多老外写的书被翻译成中文了，甚至都能买到原版书了。烘焙业正在蓬勃火热地发展着，怪不得老有人叫我去开烘焙教室，看来还真的是个商机。为什么越来越多的人对烘焙产生了兴趣呢？我认为烘焙既是一种爱好又是一种获得食物的手段，两者结合，在制作完成明天的早餐时又获得了制作的乐趣，何乐而不为呢？而且烘焙是一种沟通的手段，我们可以通过烘焙结交朋友，了解家人，获得爱和快乐，试问有多少人能拒绝烘焙这件好事儿呢？

Ingredients

材料

高筋粉300g、低筋面粉75g、鸡蛋1个、白砂糖50g、盐3/4小勺、干酵母6g、牛奶180mL、奶粉10g、无盐黄油30g

表面装饰：番茄酱适量、火腿肠适量、培根适量、马苏里拉奶酪100g

参考份量：12个

♨ 将火腿肠切段、培根切条、马苏里拉奶酪刨丝备用。

Preparation Method

做法

♨ 将主材料中除无盐黄油外的全部材料放入搅拌机，揉至面团出筋后加入无盐黄油，揉至扩展状态。

♨ 将揉好的面团从搅拌机内取出，滚圆后盖上保鲜膜，放温暖湿润处进行第一次发酵，时间为1小时，发至原来的2.5~3倍大即可。

♨ 将发好的面团排气,平均分割成12个小面团,滚圆后放入面包纸托中,整齐地排在烤盘上。

♨ 将面团放入烤箱内进行最后一次发酵,时间为40分钟,发至面团充满纸模即可。

♨ 在发好的面团上,先挤一层番茄酱,然后放上火腿肠段,在间隙内放上培根条,最后在顶上放一些马苏里拉奶酪丝。

♨ 将烤箱预热至180℃,上下火,中层,烘烤25分钟即可。

贴士

★ 成品为圆形的面包,可以自由选择是否进行15分钟的中间发酵。

★ 番茄酱可以换成韩式辣酱等其他酱料,面包顶上的材料也可根据喜好随意更换。

Hot Dog 热狗面包 烘焙随笔

　　热狗,显而易见是由英语的hotdog音译而来。关于热狗这个名字的由来,有个有趣的故事。原来热狗不叫热狗,叫做"热的德希臣狗香肠面包",因为香肠的外形与德希臣狗非常相似。有一位漫画家在创作一幅小贩叫卖热狗的漫画时,因为拼不出dachshund(德希臣)而直接使用了dog(狗),于是"热狗"的叫法就这么红了,一直沿用至今。据说美国人每年要消费190亿根热狗,人均90根,价值5亿美元,若是将吃掉的热狗铺在赤道上,可绕地球26圈。文化的差异使得我们不会像美国人那样把汉堡、热狗、三明治作为主食食用,但是作为一日三餐的补充品种,偶尔换换口味,不失为一个方便、快捷、美味的选择。

Ingredients

Preparation Method

材料

高筋面粉250g、低筋面粉75g、奶粉两小勺、白砂糖40g、盐4g、全蛋液20g、水160mL、干酵母1小勺、无盐黄油30g
内馅：热狗肠6根、生菜12片、韩式辣酱适量
表面装饰：全蛋液适量、白芝麻适量
参考份量：6个

做法

♨ 将除无盐黄油外的所有主材料放入搅拌机内，待面团出筋后加入无盐黄油，将面团揉至扩展状态。

♨ 将揉好的面团从缸内取出，滚圆后放入盆内，盖保鲜膜放温暖湿润处进行基础发酵1小时，发至原来的2~2.5倍大即可。

♨ 将发好的面团从盆内取出，排出空气，平均分割成6份，滚圆后盖保鲜膜进行中间发酵15分钟。

♨ 取1份面团，擀成椭圆形，翻面后卷成橄榄形，表面刷全蛋液，沾上白芝麻，放在热狗模中，平铺在烤盘上。

♨ 将整好形的面团放入烤箱进行最后一次发酵，大约40分钟，发至两倍大。

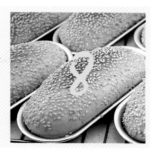

♨ 将烤箱预热至180℃，上下火，中层，烘烤18分钟即可。

贴士

★ 韩式辣酱可根据喜好换成其他挤酱。
★ 因为用到了生菜，所以做好的热狗面包应尽快吃完，避免生菜叶水分流失或变质。

♨ 将热狗肠事先用150℃的烤箱烘烤10分钟，生菜洗净备用；将烤好的面包放烤网上晾凉后，沿着中轴线用利刀切开，底部不要切断，摆上生菜和香肠并挤上韩式辣酱，热狗面包就完成了。

Cheese Roll with Bacon
培根乳酪卷

每当听到有人为了减肥而吃全麦面包时,我就忍不住想要纠正他们。所谓的全麦面包,只是在高筋面粉里混合了20%的全麦粉而已,因为全麦粉筋度很低,做饼干还成,若独立使用根本做不出面包来。所以说全麦面包里大部分还是普通面包的材质,加入的少许全麦粉可以帮助消化促进健康,但要指望它能减肥就有点不现实了。顺便普及一下面粉的知识。面粉按照筋度可分为三类:高筋面粉(Strong flour),蛋白质含量高,蛋白质含量为12%~15%,湿面筋值在35%以上,适合制作面包;低筋面粉(Cake flour),蛋白质含量低,蛋白质含量为7%~9%,湿面筋值在25%以下,适合制作蛋糕、饼干等;中筋面粉(Plain flour),是介于高筋和低筋之间的一类面粉,蛋白质含量为9%~11%,湿面筋值为25%~35%,适合制作饺子、馒头等家常面食。

烘焙
随笔

高筋面粉300g、白砂糖22g、盐1/2小勺、干酵母4.5g、鸡蛋两个、水75mL、黄油22g

内馅：切达芝士片6片、培根6片

表面装饰：全蛋液适量

参考份量：3条

♨ 将除黄油外的所有主材料放入搅拌机内，待面团出筋后加入黄油，将面团揉至扩展状态。

♨ 将揉好的面团从缸内取出，滚圆后放入盆内，盖保鲜膜放温暖湿润处进行基础发酵1小时，发至原来的2.5倍大即可。

Preparation Method

做法

♨ 将发好的面团从盆内取出，排出空气，平均分割成3份，滚圆后盖保鲜膜进行中间发酵15分钟。

♨ 取1份面团,压扁,用擀面杖擀成长方形,翻面后放上两片切达芝士片和两片培根,卷成卷后排在模具上或直接排到烤盘上。

♨ 将整好形的面团放入烤箱进行最后一次发酵,发至两倍大。

♨ 在发好的面团表面刷全蛋液,用利刀割4个斜口子,深度以看到培根为准。

♨ 将烤箱预热至180℃,上下火,中层,烘烤18分钟即可。

Baking Tips

贴士

★ 制作过程中如果发生面团爆裂、芝士外溢的情况,可以适当变换造型或减少切达芝士片的用量。

Roll with Shallot and Minced Rork
香葱肉松卷

关于肉松,有一段野史,挺好玩儿的。相传肉松是由中国人发明的。元朝时,蒙古大将慧元对肉做了干燥处理,将其变成了一种肉松食品,可随身携带,作为军需物资使用。行军时,将士们取半斤左右的肉松放入随身携带的皮囊中,加入水挂在马背上,通过马奔跑时产生的震动使其溶解成粥状,吃后可迅速补充体力。在家自制肉松虽有点繁琐,不过也不妨一试。全瘦的猪后腿肉加葱姜大料,放足够多的水,大火烧开小火煮三个钟头,煮烂煮透,沥干水分撕成细丝,然后将肉丝平铺在锅里,加入油、生抽、料酒、糖、盐和咖喱粉,小火炒制,直至肉丝炒干、蓬松为止,将炒好的肉松铺开冷却,再密封保存即可。撕肉丝那步,极度考验耐心,不知道元朝的将军有什么小窍门呢?

Ingredients

材料

高筋面粉300g、低筋面粉75g、白砂糖30g、盐3.5g、干酵母4.5g、全蛋液38g、奶粉7.5g、水195mL、无盐黄油37g

内馅：色拉酱适量、肉松适量

表面装饰：葱花适量、全蛋液适量、白芝麻适量

参考份量：两卷

Preparation Method

做法

♨ 将除无盐黄油外的所有主材料放入搅拌机内，待面团出筋后加入无盐黄油，将面团揉至扩展状态。

♨ 将揉好的面团从缸内取出，滚圆后放入盆内，盖保鲜膜放温暖湿润处进行基础发酵1小时，发至原来2.5~3倍大即可。

♨ 将发好的面团从盆内取出，排出空气，平均分割成两份，滚圆后盖保鲜膜进行中间发酵15分钟。
♨ 取1份面团，擀成长方形，翻面后平铺在烤盘上，用叉子在表面叉出小孔。

〰 将整好形的面团放入烤箱进行最后一次发酵,大约40分钟,发至两倍大。

〰 在发好的面团表面刷全蛋液,撒上葱花和白芝麻。

〰 将烤箱预热至180℃,上下火,中层,烘烤10分钟。

〰 将烤好的面包体放烤网上晾凉,翻面挤上色拉酱,撒上肉松,如卷蛋糕卷般将其卷起,包上锡纸定型10分钟后拆开,切块即可。

贴士

★ 面包体切忌不能烤得太过,上色后就可关火;烤得太过的面包体卷起时容易开裂,影响整体造型。

Bread with Diced Green Onion
葱花面包

烘焙随笔

自从有了单反相机,我的拍照热情被无限激发了出来,当然了,主要是拍我做的西点。一直认为好的照片应该和精致的成品同样重要,必须把它当做糕点制作的最后一步来对待。一张优质的照片不仅体现成品最完美的视觉和味觉效果,还能反映作者的构图想法和审美观点,最关键的是引起"围观者"的共鸣和认同。常用的家庭摄影道具主要有小型摄影棚、入门级单反相机和适量装饰品。照片的构图可以根据个人喜好来设计,建议大家从参考别人的构图开始,慢慢学习,然后加入一些自己的想法,转变成独特的风格。我个人偏爱日韩系和欧美系混搭的拍摄风格,淡雅的底布,配上鲜艳的装饰道具,在突出成品的同时,整个画面内容丰富,色彩多样,引人入胜。

 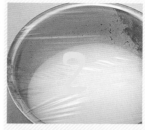

Ingredients

材料

高筋面粉195g、低筋面粉90g、白砂糖30g、盐1小勺、干酵母4.5g、全蛋液60g、奶粉12g、水65mL、卡仕达酱75g、无盐黄油45g
内馅：葱花80g、全蛋液适量、色拉油1大勺、盐1/2小勺
表面装饰：全蛋液适量

参考份量：9个

Preparation

Method

做法

👐 将除无盐黄油外的所有主材料放入搅拌机内，待面团出筋后加入无盐黄油，将面团揉至扩展状态。

👐 将揉好的面团从缸内取出，滚圆后放入盆内，盖保鲜膜放温暖湿润处进行基础发酵1小时，发至原来的2~2.5倍大即可。

👐 将发好的面团从盆内取出，排出空气，平均分割成9份，滚圆后盖保鲜膜进行中间发酵15分钟。

👐 取1份面团，参照热狗面包的整形方法，整形成橄榄形整齐地排在烤盘上。

Baking

Tips

贴士

★ 在制作葱花馅时，盐一定要在临使用的时候加入，过早地加入盐会让葱花出水，影响使用。

👐 将整好形的面团入烤箱进行最后一次发酵，发至两倍大。
👐 将葱切末与色拉油和全蛋液搅拌均匀，临使用前加入盐搅拌均匀。

👐 将发好的面团表面刷全蛋液，用利刀沿中轴线割一道口子，填上葱花馅。
👐 将烤箱预热至180℃，上下火，中层，烘烤18分钟即可。

chapter five

轻松惬意

点心的非凡魅力

Relaxed and Comfortable

the Charm of the dessert

Fly Pie Tarts
飞饼皮蛋挞

烘焙随笔

　　我上大学那会儿,传说在孩儿巷里有家好吃得不得了的蛋挞,于是"跋山涉水"地找到了那家小店,排了长队,买了一盒蛋挞,得意到不行,杭州人所说的"杭儿风"就是指我这个样子的人,哪里有好吃好玩的必定是要去凑这个热闹的。现在那家小店早已改头换面,再也不卖蛋挞了,但我依旧记得它,因为那是我第一次接触港式蛋挞的地方。其实蛋挞分为两种,葡式蛋挞和港式蛋挞,市面上常见的是葡式蛋挞,港式蛋挞在杭州几乎绝迹了。两种蛋挞主要从皮上来分:酥皮的就是葡式蛋挞,吃起来是千层酥的口感;牛油皮的是港式蛋挞,吃起来是曲奇的口感,感觉很不一样,但同样美味。港式蛋挞的做法相对简单,前后左右看着都像派的做法。葡式蛋挞要包油起酥,复杂了许多。不过想吃葡式蛋挞又不会做起酥皮的同学们不用害怕,在物质这么丰富的今天,我们总能寻找到代替品,飞饼皮就是现成的起酥皮,稍作处理就是完美的蛋挞皮!

挞皮材料: 飞饼皮6张

挞水材料: 动物性鲜奶油200g、牛奶160mL、低筋面粉20g、白砂糖50g、蛋黄4个、吉士粉8g、炼乳20g

参考份量: 18个

♨ 将飞饼皮两两相叠,室温放软至两张飞饼皮之间产生粘连。

Preparation Method
做法

♨ 在案板上撒薄粉,用擀面杖将两张相连的飞饼皮擀成20cm×25cm的长方形薄片,并卷成筒。

♨ 将卷好的飞饼皮装保鲜袋,放入冰箱冷藏、松弛10分钟。

♨ 将冷藏好的飞饼皮从冰箱取出,每1卷平均分割成12个小剂子。小剂子两两相叠,压扁后用擀面杖擀成圆面片。

♨ 将擀好的面片放入蛋挞模中,用双手的大拇指将面片压薄,直至覆盖整个模具,底部要薄,边缘要高出挞模5mm。

♨ 将动物性鲜奶油、牛奶、白砂糖、炼乳、吉士粉同放入小锅中,开小火加热,边加热边搅拌,直至白砂糖溶化后关火。

♨ 将10离火后,略微放凉,一次性加入蛋黄,搅拌均匀。
♨ 加入过筛的低筋面粉,搅拌均匀。

♨ 将制作好的挞水用勺子舀入蛋挞模内,大约八分满。
♨ 将烤箱预热至220℃,上下火,中下层,烘烤20分钟即可。

Baking Tips

贴士

★ 挞皮经过烘烤会回缩一些,所以在将面片压入模具整形时一定要高出模具。
★ 烘烤时,当挞水部分出现黑点,就可加盖锡纸,预防蛋挞上色过度。

Pineapple Cake 凤梨酥

　　你们知道凤梨酥为什么叫"凤梨酥"吗？我听过一个很冷的版本，问"巧克力和凤梨打架，谁输谁赢？"答案是"巧克力赢"，为什么呢？因为"巧克力棒！凤梨输！""凤梨酥"由此得名，冷啊！作为台湾最著名的点心，凤梨酥因为凤梨的台语谐音为"旺来"，带有吉利兴旺之意，常被当做逢年过节馈赠客户和亲友的最佳伴手礼之一。传统凤梨酥的皮类似西式派皮的做法，酥软酥软的，内馅则是菠萝、冬瓜、白砂糖和麦芽糖，甜而不腻，黏而不粘。尤其是内馅的做法十分有趣，有兴趣的朋友们可以自己试下。将冬瓜切小块，入水煮透明后捞出放凉，用纱布围起冬瓜挤干水分，剁成冬瓜泥备用。将菠萝切成小丁，同样用纱布围起挤出水分（菠萝水有用不要倒掉），剁成菠萝泥备用，菠萝水加入白砂糖和麦芽糖小火加热至糖全部溶化，倒入冬瓜泥和菠萝泥慢慢熬，直至汤水收干，馅料颜色变深变黏稠，凤梨酥的馅儿就做好了。我最诧异的是凤梨酥里边儿有冬瓜，不过据说冬瓜是不能少的，纯菠萝的凤梨馅儿黏牙，加了冬瓜就解决了这个问题，很有意思的。

无盐黄油80g、糖粉20g、奶粉30g、
低筋面粉140g、盐1/4小勺、全蛋液适量

馅料:凤梨馅300g

参考份量:16个

♨ 将无盐黄油室温放软,
加入糖粉和盐,用打蛋器
打发,待颜色变浅、体积
略大即可。

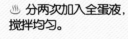

♨ 分两次加入全蛋液,
搅拌均匀。

♨ 加入过筛的低筋面粉和奶粉,用手抓成均匀的面
团。将面团包上保鲜膜,放入冰箱冷藏、松弛10分钟。

♨ 将松弛好的面团从冰箱取出,分成20g一个的小剂子,压扁后包入约15g的凤梨馅,收紧口,搓圆后放入凤梨酥模内,压成方形,脱模翻面后整齐地排在烤盘上。

♨ 将烤箱预热至175℃,上下火,中层,烘烤18分钟即可。

贴士

★ 传统的凤梨酥是方形的,不过可以根据自己的喜好来压出别的形状。凤梨馅的多少也可以根据个人口味增减,馅多则皮薄,馅少则皮厚。

黄桃派 Yellow Peach Pie

世界上的桃子居然有三千多种，作为一个从不吃桃的属猴人士来说，眨眼间就多了三千种不吃的东西，真够挑食的。黄桃因桃肉为黄色而得名，在我国西北、西南一带栽培较多，但随着罐头加工业的发展，现在华北、华东、东北等地的栽培面积也日益扩大。由于黄桃极不耐储存，所以市面上很难看到新鲜的黄桃售卖，大多是以黄桃罐头的形式出现。在烘焙中，除了黄桃罐头外，我们还会用到菠萝罐头、洋梨罐头、黑橄榄罐头、樱桃罐头等罐装食品，它们大多被用在蛋糕、挞、派的制作中，糕点中夹杂着果肉，别有一番风味!

材料

派皮材料：无盐黄油69g、糖粉34g、全蛋液15g、低筋面粉113g、香草粉1/4小勺

派馅材料：全蛋液73g、糖粉55g、动物性淡奶油90g、低筋面粉18g、杏仁粉90g、白兰地6g、罐头黄桃4片

参考份量：8寸派盘1个

做法

♨ 将无盐黄油室温放软，加入糖粉打发，打至颜色发白，体积略大即可。

♨ 一次性加入全蛋液，搅拌均匀。

♨ 加入过筛的低筋面粉和香草粉，用手抓成均匀的面团。
♨ 将面团包上保鲜膜，放入冰箱冷藏、松弛15分钟。

♨ 将松弛好的面团从冰箱取出，放保鲜膜上擀成圆形大薄片，扣上派盘并翻面，用手指将派皮与派盘捏紧，并用擀面杖架在派盘的边沿擀去多余部分，在派皮的四周和底部用叉子叉出小孔。
♨ 将烤箱预热至160℃，上下火，中层，烘烤12分钟到半成熟备用。

♨ 在全蛋液中加糖粉,搅拌均匀。分两次加入动物性淡奶油,搅拌均匀。加入过筛的低筋面粉和杏仁粉,搅拌均匀。

♨ 加入白兰地,搅拌均匀。
♨ 将罐装黄桃1片切成4条,整齐地摆放在烤好的派皮半成品上,围成一个圆环。

Baking Tips

贴士

★ 制作派皮时,超过派模大小的多余的派皮可以分成小块或小条,再贴回派模上去,对成品基本没有影响,丢掉就太浪费了。
★ 倒入派馅时,一定要从中心开始倒,倒完后抹平表面,动作不要太大,以免破坏黄桃的造型。

♨ 倒入做好的派馅。
♨ 将烤箱预热至190℃,中层,上下火,烘烤28分钟即可。
♨ 放凉后再切块,即可食用。

Dorayaki 铜锣烧 烘焙随笔

　　铜锣烧是属于机器猫的，看它俩的名字就知道，多啦A梦，罗马音：do ra a mon，铜锣烧，罗马音：do ra ya ki，恐怖得相似吧！铜锣烧，一种夹着红豆沙的煎饼，日本的传统糕点之一，相传是日本江户时代（公元1603年–公元1867年），将军、武士以军中的铜锣相赠恩人，恩人家贫拿铜锣当平底锅煎烤点心，竟创造出绝世美味，点心形状如铜锣，又以铜锣煎烤而成，故取名为"铜锣烧"。我们在家自制铜锣烧时，无需用到烤箱，一个平底锅足矣。整个制作过程以煎饼的煎制过程最不好掌握，过早翻面，面糊尚未凝固，形状被破坏，过晚翻面，面糊上色过度，品相被破坏。最妥当的做法是以中火热锅后，调至小火，舀入面糊，此时仔细观察面糊状态，待面糊四周起小气泡并有开始凝结的迹象时，将平铲轻轻切入面糊底部，翻面，如此操作制成的铜锣烧上色合适，形状完整，令人食欲大增！

鸡蛋4个、白砂糖125g、蜂蜜两小勺、低筋面粉240g、
泡打粉1/2小勺、无盐黄油20g、水8大勺

内馅:卡仕达酱适量

参考份量:7个

☺ 将鸡蛋放入盆内,用
打蛋器打散,加入白砂
糖,搅拌均匀。加入蜂
蜜,搅拌均匀。

☺ 加入过筛的低筋面粉和泡打粉,搅拌均匀。

☺ 将无盐黄油隔水融化
成液体,加入上述的面
糊中,搅拌均匀。

☺ 搅拌好的面糊比较黏
稠,封上保鲜膜放入冰
箱冷藏30分钟。

☺ 取出冷藏好的面糊,
分次加入8大勺水,调匀
一勺再加入下一勺,直
至调成比较稀的面糊。

🍳 将平底锅先用中火热锅,然后调至小火,舀入一大勺面糊,等面糊周围产生小气泡并开始凝结时翻面,再煎30秒起锅。

🍳 取一片煎饼,翻面后挤上卡仕达酱(做法参见奶酪紫薯小排包中卡仕达酱的做法),再盖上另一片煎饼按紧,铜锣烧就做好了。

贴士

★ 铜锣烧的内馅可根据喜好换成红豆沙馅、绿豆沙馅等其他馅料。

★ 搅拌面糊时,应避免激烈划圈搅拌,利用打蛋器头轻轻戳入面糊然后提起的方式,将干湿材料逐渐搅拌均匀。

Taiyaki 鲷鱼烧 烘焙随笔

　　鲷鱼烧、章鱼烧、鸡蛋烧，一系列的烧果子们从日本远渡重洋来到我国，受到了大家的热烈追捧。我在想，不知道我们这儿的鸡蛋饼、干菜饼、煎饼果子、麻辣烫、火爆鱿鱼、烤番薯、油冬儿、葱包烩有没有漂洋过海传到国外去呢？应该要传过去的。鲷鱼烧，鲷念"diao"第一声，是日本烧果子中的代表作，取鲷鱼外形命名，也是用面粉糊包红豆馅的烧烤点心。鲷鱼在日本是一种代表吉利的象征，通常在喜事庆典中都会看得到。我做鲷鱼烧，目的是为了讨小朋友欢心，一般的小朋友看到鲷鱼烧可爱的外形，基本都"缴械投降"了，就像考试考了100分，需要到处跟人宣扬下："今天我吃到了小鱼点心，真的是小鱼哦，小鱼形状的，里面还有红豆沙，可好吃啦！"其实鲷鱼烧的味道真的一般，偶尔变换下馅料的种类，变换下口味，真正吸引大家的还是它独特的外形！"外貌协会"的啦！

172

鸡蛋两个、白砂糖55g、低筋面粉300g、牛奶360mL、香草粉1/2小勺、泡打粉4小勺

内馅：油黑芝麻馅200g

材料

参考份量：13个

♨ 将油黑芝麻馅平均分成13份，搓圆后压扁，排在烤盘上备用。

做法

♨ 将鸡蛋放入盆内，用打蛋器打散，加入白砂糖，搅拌均匀。加入牛奶，搅拌均匀。

♨ 加入过筛的低筋面粉、香草粉和泡打粉，搅拌均匀。

♨ 将鲷鱼烧的烧板放煤气灶上中火热板，热好后调至小火。

♨ 在板上刷油,两侧都要刷,用勺子舀一勺面糊在小鱼的身体部位,并放上油黑芝麻馅;再盖上一层面糊,同时覆盖小鱼的身体和尾部,合上烧板,并来回翻面,可不时地打开烧板观察上色情况,上色好了就出炉。

♨ 用剪刀将溢出的面糊修剪掉,鲷鱼烧就完成了。

★ 第一勺面糊下去时,不要覆盖小鱼的尾部,等第二勺的时候再覆盖,原因是尾部的面糊下去得太早,等小鱼身体部分上色完成时,尾部早被烧焦了。

贴士

读者支持卡 ///////////

让我们认识您

姓名：＿＿＿＿＿＿＿＿＿＿　　性别：□男 □女　婚姻：□未婚 □已婚

学历：＿＿＿＿＿＿＿＿＿＿　　年龄：□10~19 □20~29 □30~39 □40~49 □50~……

职业：＿＿＿＿＿＿＿＿＿＿　　爱好：＿＿＿＿＿＿＿＿＿＿＿＿＿＿＿＿

地址：＿＿＿＿＿＿＿＿＿＿＿＿＿＿＿＿＿＿＿＿＿＿＿＿＿＿＿＿＿＿

E-mail：＿＿＿＿＿＿＿＿＿　　电话：＿＿＿＿＿＿＿＿＿＿＿＿＿＿＿

关于本书

您在哪儿买到本书的呢？

□新华书店 □普通书店 □网上书店 □图书批发市场（书市）□其他＿＿＿＿＿＿＿

您在哪里得知本书的信息？

□书店广告 □朋友推荐 □平面媒体的书评 □出版社网站 □购书网站 □其他＿＿＿＿＿

您购买本书的原因？

□主题内容 □图片 □编排设计 □封面设计 □书名 □其他＿＿＿＿＿＿＿＿＿＿

http://www.chengdusd.com

http://www.chengdusd.com

http://www.chengdusd.com

您觉得本书的价格
□合理 □偏高 □偏低 □希望定价_____
本书的缺点是_____
本书的优点是_____
请您给我们一点建议吧！_____
感谢您的支持！与您相伴,是我们的幸福！
真诚期盼您的回复,我们会做得更好！

信息反馈请寄:
四川省成都市人民南路四段51号 新华苑A栋8楼成都时代出版社 编辑部 张慧敏(收)
邮编:610041　电话:028-86621237 或请发E-mail至:jiangyanglamu@163.com
http://www.chengdusd.com/